创翼梦工坊

# 妙趣横生的电子/电磁世界

主　编　陈翠敏
副主编　邢志强
参　编　王　丰　王　英　王雅丽　玉文轩　刘　洋
张云翼　张绍锋　吴晓天　金　声　窦深玉



机械工业出版社

本书以生活中常见的电子电磁现象为主题，设计了20个适合小学生或者初级电子爱好者学习体验的小制作项目，富有较强的启发性和实操性，可以让读者在实践中学习基本的电路原理和电子元器件知识，并训练动手实践技能和激发创意潜能。

本书适合小学生、初中生、青少年创客以及电子电磁初学者阅读并实践体验，也非常适合小学三年级以上电子类创客课程、中小学课内外兴趣小组和重视培养孩子工程实践能力的家庭阅读使用。

**图书在版编目（CIP）数据**

妙趣横生的电子/电磁世界/陈翠敏主编．—北京：机械工业出版社，2017.8

（创翼梦工坊）

ISBN 978-7-111-57184-1

Ⅰ．①妙…　Ⅱ．①陈…　Ⅲ．①电子技术－少儿读物 ②电磁学－少儿读物　Ⅳ．① TN-49 ② O441-49

中国版本图书馆 CIP 数据核字（2017）第 146563 号

机械工业出版社（北京市百万庄大街 22 号　邮政编码 100037）

策划编辑：江婧婧　　　　　责任编辑：江婧婧

责任校对：郭明磊　刘　岚　封面设计：鞠　杨

责任印制：李　飞

北京新华印刷有限公司印刷

2017 年 8 月第 1 版第 1 次印刷

169mm × 239mm · 9.25 印张 · 179 千字

0 001—3 000册

标准书号：ISBN 978-7-111-57184-1

定价：55.00 元

凡购本书，如有缺页、倒页、脱页，由本社发行部调换

电话服务　　　　　　　　　　网络服务

服务咨询热线：010-88361066　机 工 官 网：www.cmpbook.com

读者购书热线：010-68326294　机 工 官 博：weibo.com/cmp1952

　　　　　　　010-88379203　金 书 网：www.golden-book.com

**封面无防伪标均为盗版**　　　教育服务网：www.cmpedu.com

# 序 言

随着科技的快速发展，人类已经进入了信息化时代。在我们的家庭生活、社会交往以及休闲娱乐中，到处都有电子和电磁技术的影子。不了解电子和电磁的基础知识，一个人很难在现代生活中游刃有余。

青少年处于智力开发的黄金阶段，他们对新知识最敏感，也最容易接受和理解。从电子和电磁技术入手，开展以动手制作为主要内容的科技实践活动，对培养他们形成勤于探索、乐于创新的科学态度至关重要。

《妙趣横生的电子 / 电磁世界》一书包含了 20 个涵盖多学科、生动活泼的电子电磁科学制作项目，在项目制作中，学生不仅能够理解相关的科学知识，而且可以培养独立思考的习惯和科学创新的能力。

本书的编写依托高等院校的专家，并在北京市丰台区东高地第三小学进行教学实验，确保项目的科学性和针对性，是一种值得借鉴的校本教材开发模式。希望有越来越多的学校采用这一模式开发高水平的科技类校本教材，有效满足学生提高专业素养的需求。

李京燕

2017 年 5 月 23 日

# 目 录

## 序言

## 上篇


**01** 黑暗中的希望——个性小夜灯 /002

**02** 旋转的魅力——笼中鸟 /011

**03** 寻找同盟的终极装备——动手创作一个队友召唤器 /019

**04** 荒野中的时钟——盐水电子表 /027

**05** 飞向敌人的阵地——飞机弹射器 /036

**06** 光与影的故事——动感冷光线 /043

**07** 我是工程兵——排雷大作战 /050

**08** 说给爸爸妈妈的悄悄话——录音贺卡 /057

**09** 我的秘密你来猜——玩转摩尔斯码呼救器 /062

**10** 足球场上的鏖战——智能足球机器人 /071

## 下篇


**01** 地震了，迅速撤离吧—— 制作震动报警仪 /086

**02** 废墟之下的希望—— DIY 收音机 /091

**03** 告别人力的传统游戏—— 电磁秋千 /097

**04** 哈利 · 波特的魔法扫帚—— 体验磁悬浮 /102

**05** 可以操纵的运气—— 制作简易电动机 /107

**06** 来自远方的呼唤—— DIY 电报机 /113

**07** 外星怪兽的入侵—— 无线遥控四足机器人 /120

**08** 无线辐射现原形—— 制作手机来电信号检测器 /128

**09** 小喇叭开始广播了—— 演奏音乐的小喇叭 /133

**10** 重返现代的钥匙—— 手摇发电机 /138

# 上篇

01 黑暗中的希望
—— 个性小夜灯

02 旋转的魅力
—— 笼中鸟

03 寻找同盟的终极装备
—— 动手创作一个队友召唤器

04 荒野中的时钟
—— 盐水电子表

05 飞向敌人的阵地
—— 飞机弹射器

06 光与影的故事
—— 动感冷光线

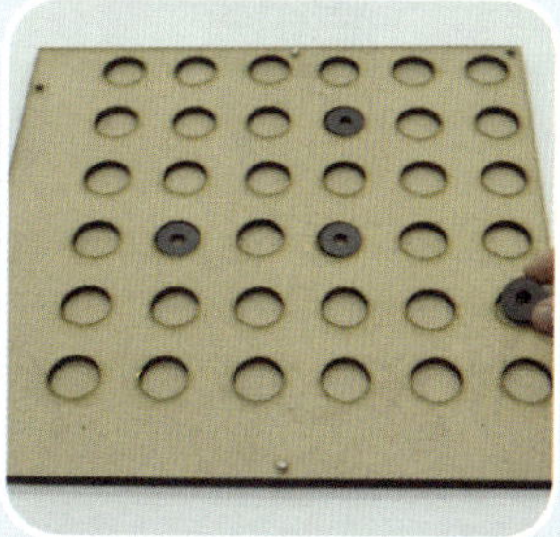

07 我是工程兵
—— 排雷大作战

08 说给爸爸妈妈的悄悄话
—— 录音贺卡

09 我的秘密你来猜
—— 玩转摩尔斯码呼救器

10 足球场上的鏖战
—— 智能足球机器人

# 01 黑暗中的希望——个性小夜灯

美丽善良的三圣母救下书生刘彦昌，两人相爱并生下儿子沉香。三圣母的哥哥二郎神得知后，带领天兵天将前来围捕，将三圣母压在了华山之下。紧急之中，三圣母将天地之精华——宝莲灯挚与刘彦昌，让其保护刘彦昌父子，逃离二郎神的追杀。三圣母把宝莲灯的口诀告诉了沉香，但要他记住，宝莲灯只有依靠仁慈的力量才能驾驭，而且吞下宝莲灯的灯芯，立刻就会拥有万年法力……

宝莲灯是一个神话，我们无法去拥有，但是，我们可以一起制作一个夜里为我们带来光明的小夜灯，来吧！

**学习目标：**了解发光二极管；了解电位器工作原理；制作小夜灯

**材料清单：**发光二极管 ×1、干电池 ×2、电池盒 ×1、电位器（旋钮开关）×1、纸杯 ×1、硫酸纸 ×1、拼接木板套材 ×1、导线 ×1（见图 1）

**所需工具：**剪刀、彩笔、电烙铁、焊锡丝

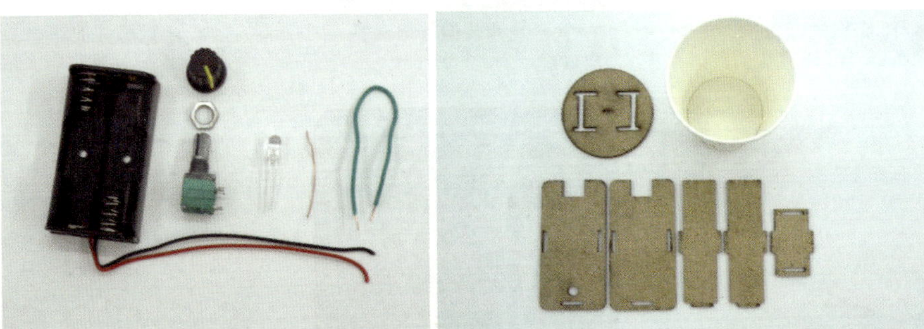

■ 图 1　材料清单

## 知识 learning

### 串联电路

串联，顾名思义，就是将元器件“串”起来，几个元器件沿着单一路径互相连接，电流只有一条通路，这种连接方式叫做串联。以串联方式连接的电路称为串联电路。串联电路的特点是开关可以在任何位置都控制整个电路，即其作用与所在的位置无关。图 2 所示为一个比较典型的串联电路。

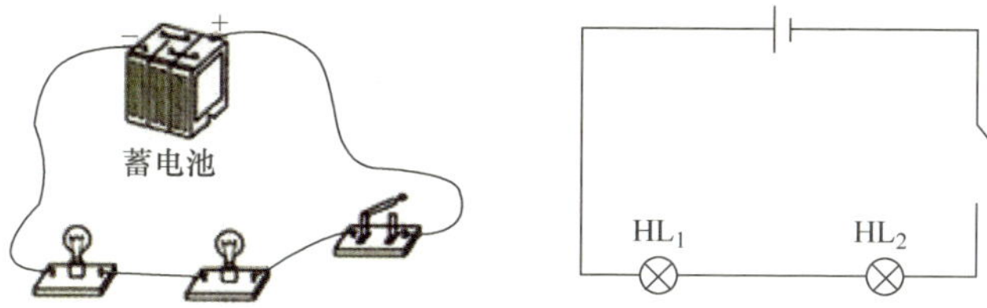


■ 图 2　串联电路示意图

在图 2 所示的串联电路中，一旦有某一处断开，整个电路就会成为断路，电路中所串联的元器件中都没有电流流通了。

## 欧姆定律

想象一下，电流、电压和电阻之间的关系是怎样的？试试把电流看作是水流，水压增大会怎样，水流中有阻碍会怎样？回答下面的问题：

1）如果电阻增加，那么电流会增大还是减小？

2）如果电压增加，那么电流会增大还是减小？

如果把这种关系写成公式，就是

$$I=\frac{U}{R}$$

这个公式叫作欧姆定律，其中 $I$ 代表电流，$U$ 代表电压，$R$ 代表电阻，用文字来表示，也就是

$$电流=\frac{电压}{电阻}$$

即为“在同一电路中，通过某一导体的电流跟这段导体两端的电压成正比，跟这段导体的电阻成反比”，也就是说在同一电路中，当导体电阻不变时，导体两端电压越大，通过它的电流就越大；而当导体两端电压不变时，导体电阻越小，通过它的电流越大。了解了电路中的欧姆定律后，很多事就会变得非常方便。比如，我想让一个串联电路中的灯变亮，应该如何操作呢？当然就是改变电路中的电流，让电流增大，灯就会变亮。那么如何让电流增大呢？此时欧姆定律就派上用场了！

1）在灯的额定范围内，让电路中的电压增大，比如再增加串联一个电池；

2）减小串联电路中的电阻，比如使用旋钮电位器，让电路中的电阻减小。

那什么是电位器呢？它是一种可以通过调节旋钮来改变自身阻值的装置。电位器的电阻体有两个固定端，通过手动调节旋钮，改变动触点在电阻体上的位置，从而改变动触点与任意一个固定端之间的电阻值。我们使用电位器时，可将其视作一个可变电阻器使用，如图 3 所示。通过旋转电位器的旋钮来改变滑片的位置，从而

改变接入电路中电阻的阻值，由此控制电路中电流的大小。在本制作中，电位器可起到“改变电路中电阻”的作用，从而调节 LED 的亮度；同时也可起到开关的作用。

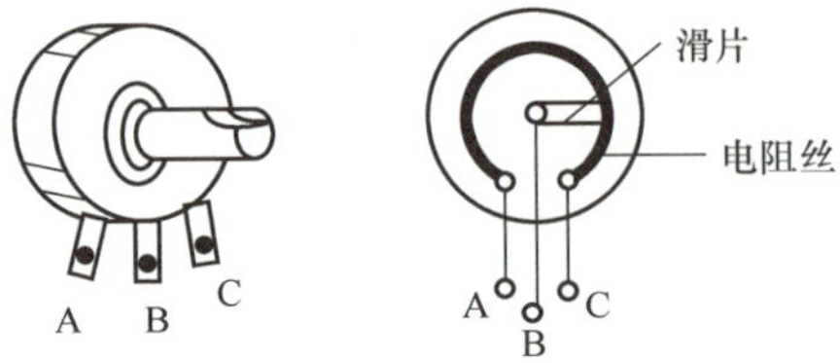


■ 图 3　可变电阻器（电位器）示意图

## 技能 getting

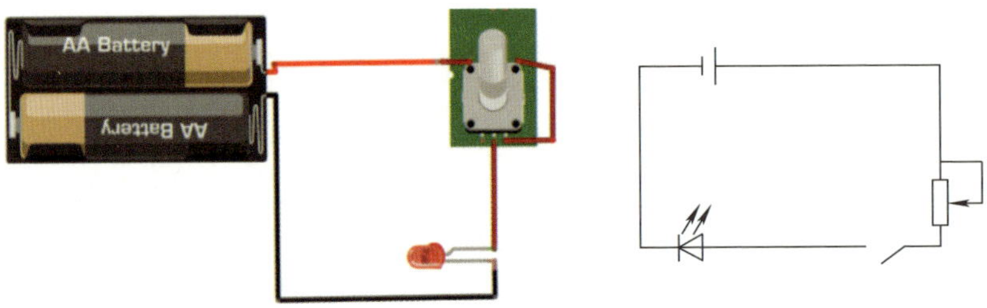


■ 图 4　个性小夜灯电路连接图

1）带开关的电位器连接方法如图 4 所示，需将电位器自身的两个引脚连接在一起。

2）电源正极（红色导线部分）需要连接 LED 的阳极（长引脚端），阴极（短引脚端）连接电源的负极。

3）将电源、电位器、LED 串联连接。

## 发光二极管

发光二极管是一种能将电能转化为光能的半导体器件，根据发光颜色的不同，可以分为红光二极管、绿光二极管、白光二极管等。

LED 的两根引脚中较长的一根为阳极，应接电源正极，另外一根短引脚是阴极，接电源的负极。LED 的特点是工作电压很低（有的仅一点几伏），工作电流很小（有的仅零点几毫安即可发光），抗冲击和抗振性能好，可靠性高，寿命长，电光转化效率高（接近 60%），绿色环保，寿命长（可达 10 万小时）。特别需要注意的是，流过二极管的电流只能往一个方向导通，也就是说只有 LED 的阳极接电源正极时，才会发光，否则不会发光。

其实，在日常生活中，LED 很常见，将多个 LED 组合起来可以制成灯屏。比如 LED 显示屏、交通信号灯、汽车用灯、液晶屏背光源等，还有生活中用到的一些灯饰、照明光源等，都是用 LED 作为光源的。仔细观察生活，你一定会发现 LED 的更多应用！

## 动手 DIY

### 1. 制作内部电路

**Step 1** 焊接电位器

先取出材料，将电池盒的正极（红线）与旋钮开关下端的一脚焊接，再将旋钮开关的上下两脚如图 5 所示那样焊接。

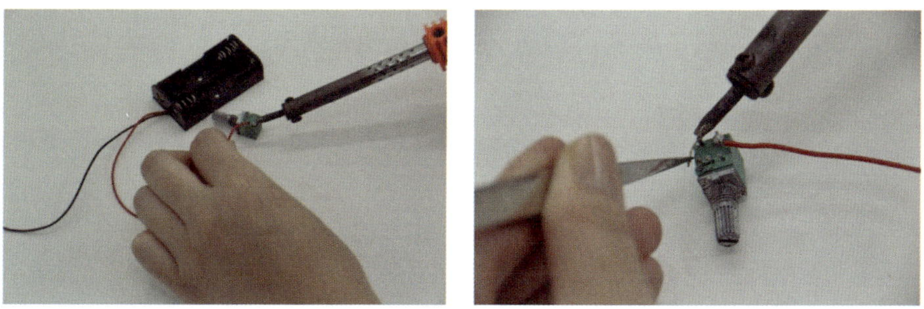

■ 图 5　电位器焊接方法

**Step 2** 电路制作

将一根导线与旋钮开关上端中间的引脚焊接，完成后如图 6 所示。

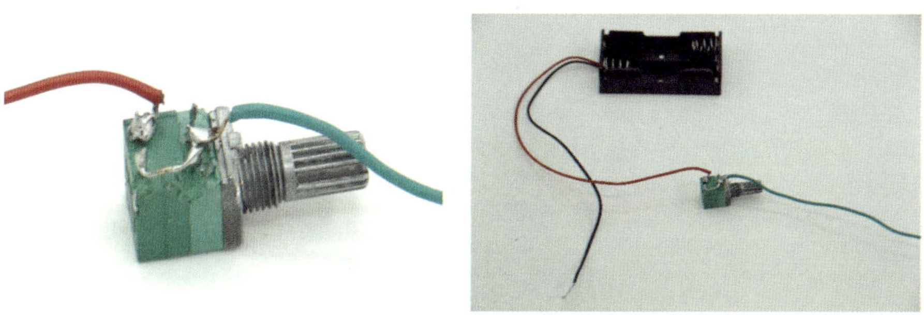

■ 图 6　电源与电位器连接方法

### Step 3 插入发光二极管

先将二极管插入圆形木板中间的两孔处，注意区分阳极和阴极，如图 7 所示。

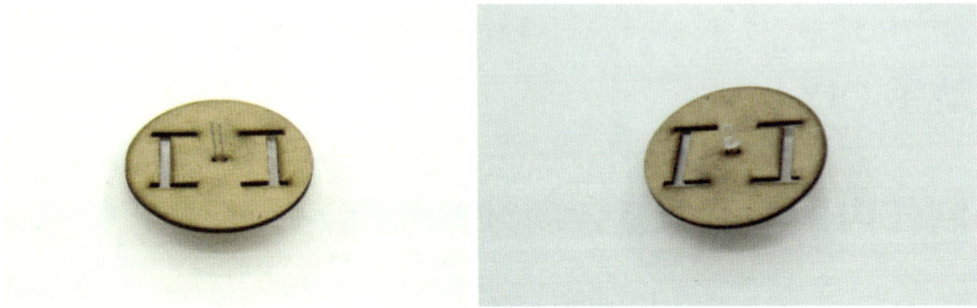

■ 图 7　发光二极管安装方法

### Step 4 二极管电路连接

将导线的另一端与二极管的阳极（长引脚端）相连，两线缠绕、拧紧，将二极管的阴极与电池盒负极（黑线）连接，完成后如图 8 所示。

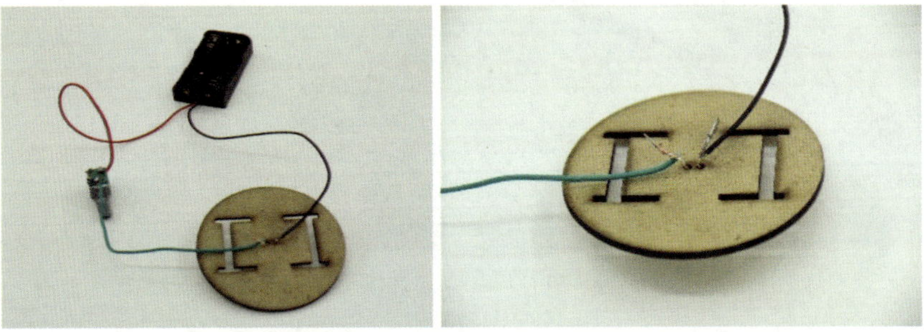

■ 图 8　二极管电路连接方法

## 2. 制作小夜灯的外壳

小夜灯外壳木板编号如图 9 所示。

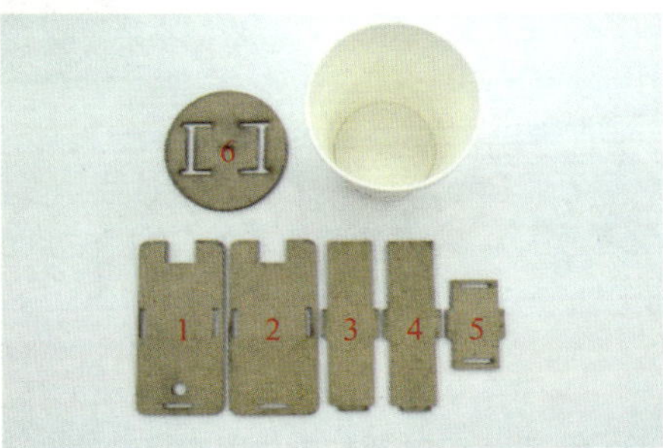


■ 图 9　小夜灯外壳木板编号

**Step 5** 将木板 2~ 木板 5 拼装成半盒，如图 10 所示。

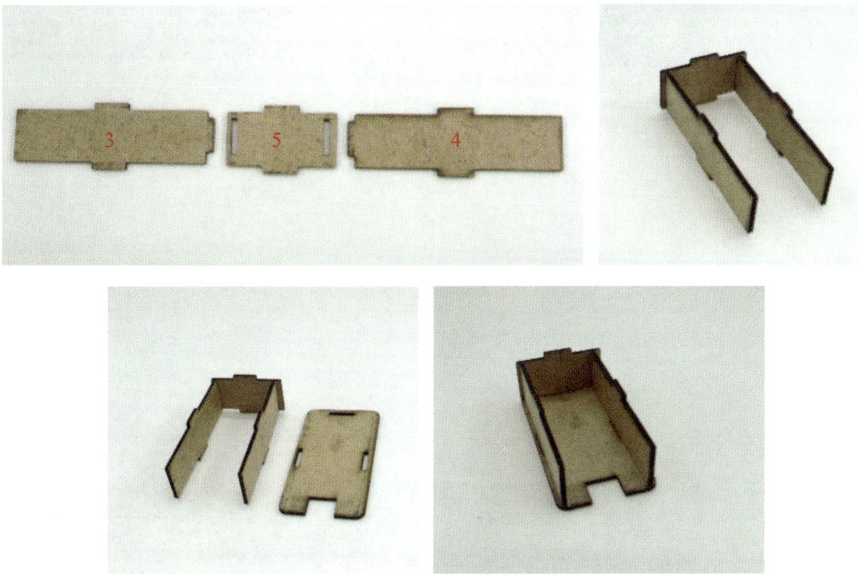


■ 图 10　步骤 5 安装示意图

**Step 6** 把电路中的旋钮开关插入带孔的木板 1 中，用螺母固定，如图 11 所示。

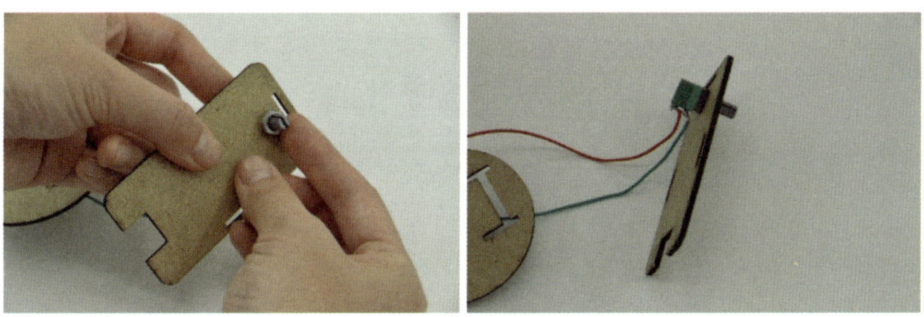

■ 图 11　电位器固定方法

**Step 7** 把电池盒放在刚才安装好的半盒中，把带有旋钮开关的木板 1 扣上，如图 12 所示。

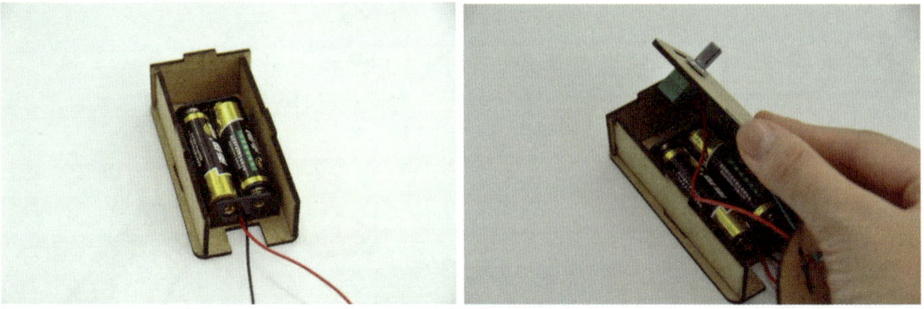

■ 图 12　电池盒安装方法

**Step 8** 将装有二极管的圆片木板 6 盖上并按紧，把开关扣扣上，如图 13 所示。

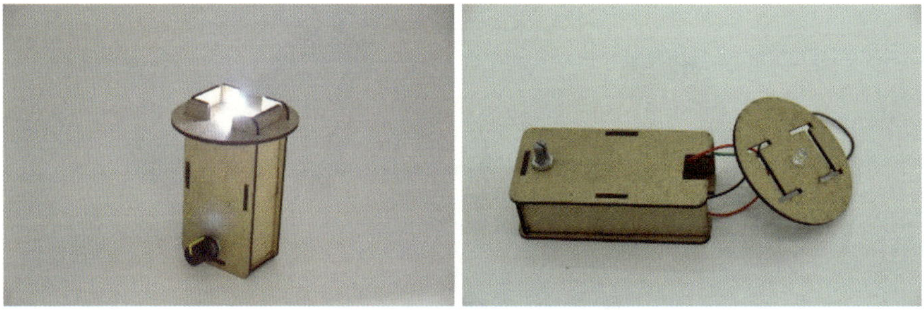

■ 图 13　步骤 8 安装示意图

## 3. 制作小夜灯灯罩

**Step 9** 将纸杯剪成自己喜欢的任意形状，尽情发挥想象力吧，制成各式各样的镂空图案（见图 14），比比谁的更有创意！

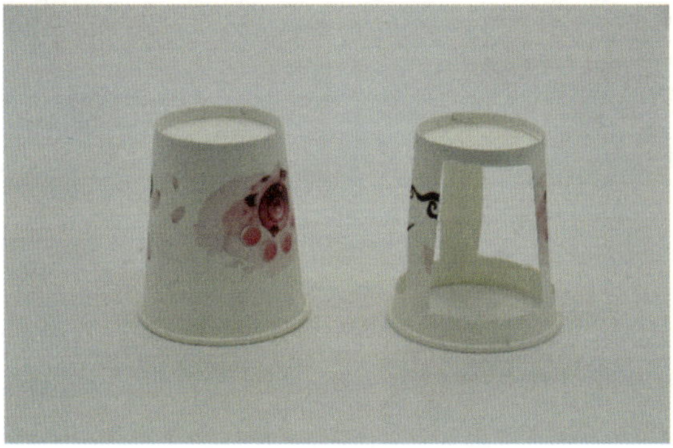

■ 图 14　灯罩裁剪示意图

**Step 10** 裁剪硫酸纸，并画上自己喜欢的图案，卷成与纸杯相同的筒状，并用胶带固定，如图 15 所示。

■ 图 15 灯罩图案绘制

**Step 11** 用双面胶将硫酸纸与纸杯固定、粘牢，并扣在手持壳上，如图 16 所示。

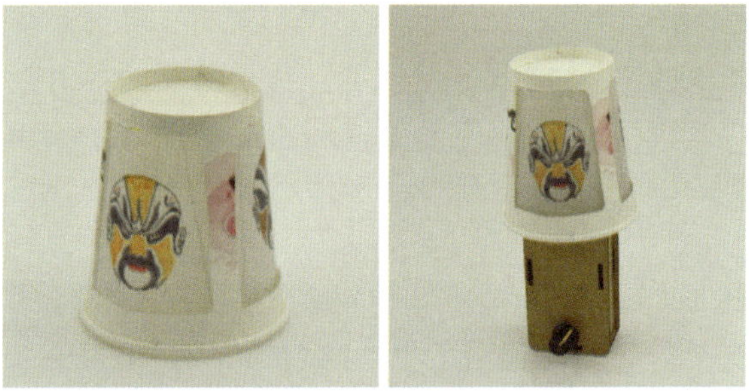

■ 图 16 灯罩安装示意图

完成上述 11 个步骤后，属于你的个性小夜灯就完成啦（见图 17），从此黑夜有了陪伴！

■ 图 17 小夜灯成品示意图

## 创意 expanding

电位器（滑动变阻器）还能应用在什么作品中呢？我们生活当中有哪些东西可以用到滑动变阻器或者电位器呢？

把一根铅笔芯固定在一块小木板上，在它的一端接上一根导线，再把另一根导线的一端弯成一个小圆环，套在铅笔芯上。这就是一个简单的铅笔芯滑动变阻器了。把它串联在电路里，移动它的活动端，就可以改变它的电阻值，以便控制电路中电流的大小。如果需要在更大的范围内来变换电阻值，那么给上面的电阻器再串联几根铅笔芯就行了（见图 18）。

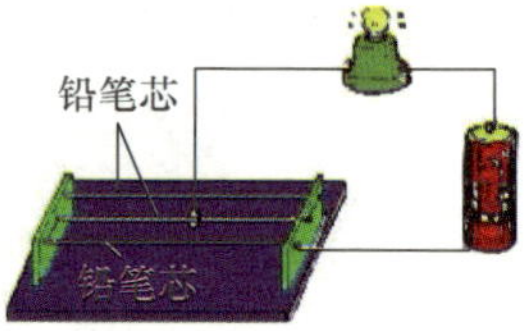


■ 图 18　铅笔芯滑动变阻器

### 科技小制作——自制变阻器

有了变阻器，做起实验来就方便多了。常用的变阻器有滑动变阻器和电阻箱。滑动变阻器能够逐渐地改变电阻值，而不能准确表示出电阻值。如果需要知道连入电路电阻的准确值，那就需要电阻箱。电阻箱上标出了各种数值的电阻，用起来很方便。

变阻器的用途很广。例如，调节收音机音量的大小，控制电车行驶的速度，改变剧场灯光的亮度等，都是使用了不同类型的变阻器。

# 02 旋转的魅力——笼中鸟

茅以升先生 7 岁那年的元宵节，家里买了很多灯笼，有圆形的、有方形的，还有两个棱柱形的走马灯。走马灯一个挂在墙上，一个挂在堂屋中央。走马灯中间有一个轴，轴上有一个可以旋转的小轮子，轴心插上红通通的蜡烛，轮子四周插上彩色的纸人和纸马。蜡烛上方有一个风叶，蜡烛点燃以后，热气往上冲，使风叶转动，带动轮子旋转起来，轮子四周的纸人和纸马也飞快地旋转起来了。明亮的烛光把小纸人和小纸马的影子投在灯壁上，像活动的电影一样有趣。

走马灯像磁石一样把茅以升吸引住了。他仰着脖子、抬着头，不眨眼地盯着走马灯，越看越入迷。

“小人、小马怎么会转呀？”茅以升好奇地问大人。大人告诉他：“是蜡烛的热气熏的。”

听了回答，茅以升把挂在墙上的走马灯拿下来，“噗”的一声，吹灭了蜡烛，小人、小马越跑越慢，终于停了下来。

“那么，怎么才能让小人、小马跑得快一些呢？”他又提出一个问题。大人告诉他：“热气大，小人、小马跑得就快。”于是，他又拿来一支蜡烛，两支同时点燃。果然，小人、小马飞一样地转起来……

这天晚上，茅以升特别高兴。虽然他不完全懂得走马灯转动的科学道理，但是，走马灯引起了他对科学的兴趣，他开始想：“科学，多么有意思啊！”

**学习目标：** 了解视觉暂留；动手制作“笼中鸟”

**材料清单：** 纽扣电池 ×1、小电动机 ×1、三角二档拨动开关 ×1、纽扣电池盒 ×1、螺钉 ×6、螺母 ×6、导电铜丝 ×4、金属杆 ×1、蜗杆 ×1、拼接木板套材 ×1（见图 1）

**所需工具：** 电烙铁、焊锡丝、剥线钳

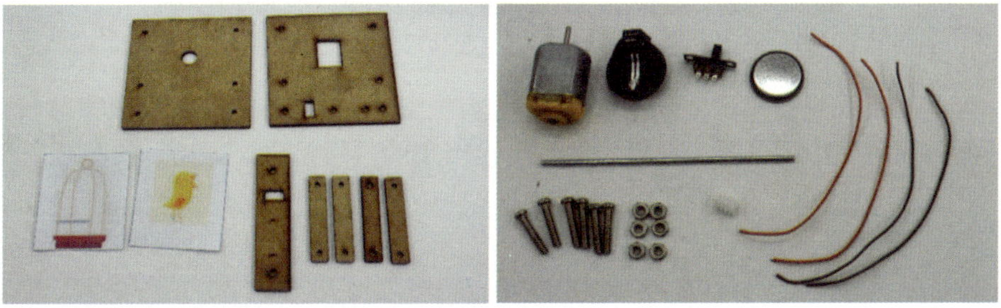

■ 图 1 材料清单

## 知识 learning

### 视觉暂留

视觉暂留现象是光对视网膜所产生的视觉在光停止作用后，仍会保留一段时间的现象，其具体应用是电影的拍摄和放映。视觉暂留现象是由视神经的反应速度造成的，其时值是 1/24 秒，这也是动画、电影等视觉媒体形成和传播的根据。视觉实际上是靠眼睛的晶状体成像，感光细胞感光，并且将光信号转换为神经电流，传回大脑，从而引起人体视觉。感光细胞的感光依靠一些感光色素，感光色素的形成是需要一定时间的，这就是视觉暂留的机理。

视觉暂留现象首先被我们中国人运用，走马灯便是据历史记载中最早的视觉暂留现象的运用。宋朝时已有走马灯 ，当时称“马骑灯”。随后法国人保罗・罗盖在 1828 年发明了留影盘，它是一个将绳子在两面穿过的圆盘，盘的一面画了一只鸟，另一面画了一个空笼子。当圆盘旋转时，鸟便在笼子里出现了，这证明了当眼睛看到一系列图像时，它会一次性地保留一个图像。图 2 展示了古代走马灯的现代还原品。走马灯中的图像正是利用了人类视觉暂留的特点，让人看到走马灯中的人物动了起来。

■ 图 2　走马灯

人类利用视觉暂留现象发明了很多有趣的小玩意，还有一样我们孩童时代都离不开的东西也是由视觉暂留现象的发现衍生出来的，那就是动画片，如图 3 所示。

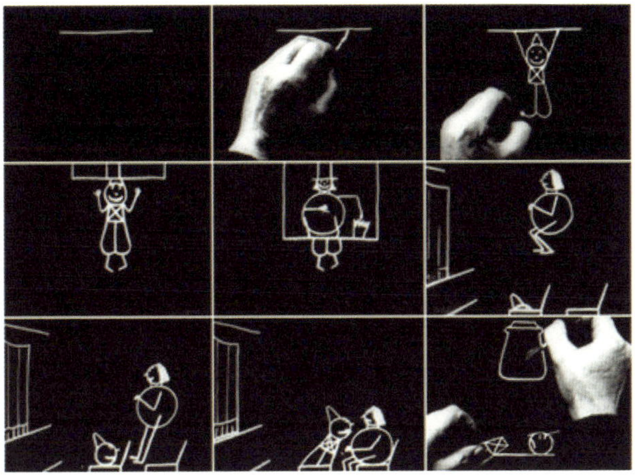

■ 图 3 动画片《幻想曲》

由法国导演 Émile Cohl 拍摄于 1908 年的《幻想曲（Fantasmagorie）》是世界电影史上第一部真正意义上的动画片。短片虽然无声黑白，并且只有 1 分多钟，却包含了 Cohl 手绘在黑板上的 700 多张粉笔画。《幻想曲》很有当年默片的喜剧感，“变形”的主题非常有想象力，如图 3 所示。虽然现在的动画片已经不再用这种复杂的方式制作，不过我们可以看出利用视觉暂留现象制作的动画是现代动画的鼻祖。同学们也可以制作简单的动画，如图 4 所示，当然我们不赞同同学们损坏自己的课本！

■ 图 4 书本动画

人眼观看物体时，成像于视网膜上，并由视神经输入人脑，从而感觉到物体的像。但当物体移去时，视神经对物体的印象不会立即消失，而是要延续 0.1~0.4 秒的时间，人眼的这种性质被称为“眼睛的视觉暂留”。今天我们要制作的笼中鸟就相当于两页的小动画。

## 技能 getting

笼中鸟的电路连接如图 5 所示。

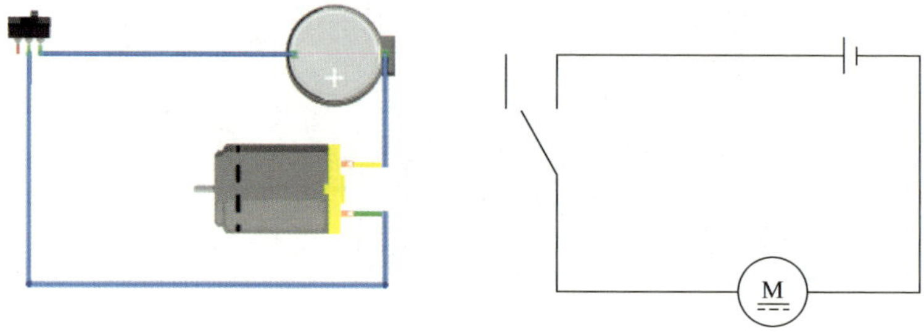


■ 图 5　笼中鸟电路连接图

1）开关连接中间引脚和任一侧引脚。

2）将开关、电源、直流电动机串联。

3）直流电源的正负极决定电动机的正转、反转。

## 电动机

电动机，俗称马达（英语 motor 的音译）。电动机通过电磁感应带动电动机转子旋转。根据电动机工作电源的不同，可分为直流电动机和交流电动机，顾名思义，直流电动机是用直流电驱动其转动的，而交流电动机则需要交流电驱动。在本次活动中，我们采用的是直流电动机。

图 6 是分析直流电动机的物理模型图。其中，固定部分有磁铁（这里称作主磁极），还有电刷；转动部分有环形铁心和绕在环形铁心上的绕组。绕组在主磁极中央，由于电磁感应现象，绕组通有直流电流时，环形铁心会受到力的作用，因此绕组会旋转，从而带动电动机轴的旋转。

■ 图 6　直流电动机工作原理图

## 动手 DIY

笼中鸟制作所需的木板编号如图 7 所示。

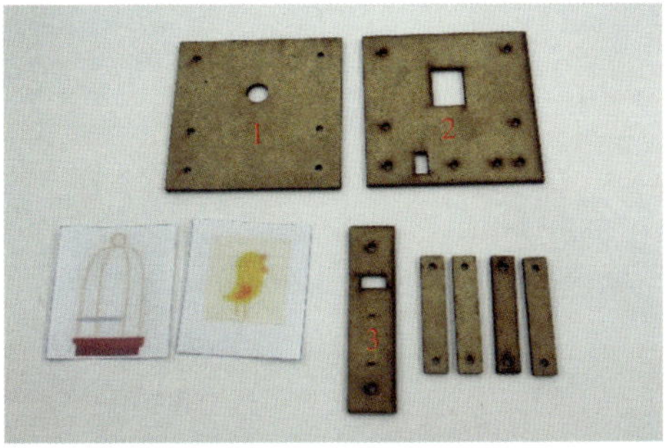

■ 图 7　木板编号

**Step 1** 将 4 块小木条两两叠加放在木板 1 两侧，并用 4 个螺钉穿到板上的小孔中，注意，此时不需要固定，做完后将材料放到一边，如图 8 所示。

■ 图 8　步骤 1 安装示意图

**Step 2** 将纽扣电池盒和小开关插到木板 3 中，一定要插到底，如图 9 所示。

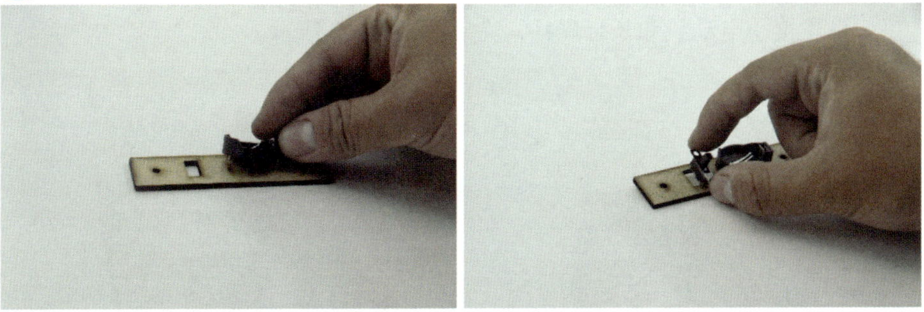

■ 图 9　电池座安装示意图

**Step 3**

将刚才插好开关和电池盒的木板 3 翻过来，将开关的中间引脚焊接到电池盒近侧的引脚上，然后为开关的任一侧引脚焊接导线，电池盒的另一侧引脚也焊接上导线，导线的另一边剥好线待用，如图 10 所示。

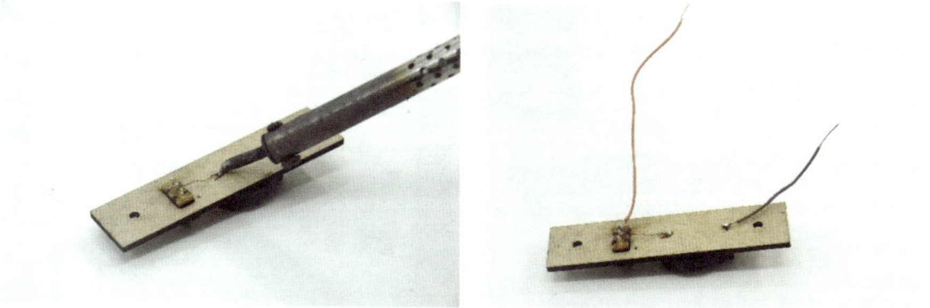

■ 图 10　开关即电池座焊接

**Step 4**

将焊好零部件的木板 3 的导线穿到木板 2 对应的小孔中，把线穿出，翻过木板 2，将导线两脚分别焊接在电动机的两极上，如图 11 所示，再将小电动机穿进木板 2 的方形孔中，使电动机黄色部分正好能卡在板上。

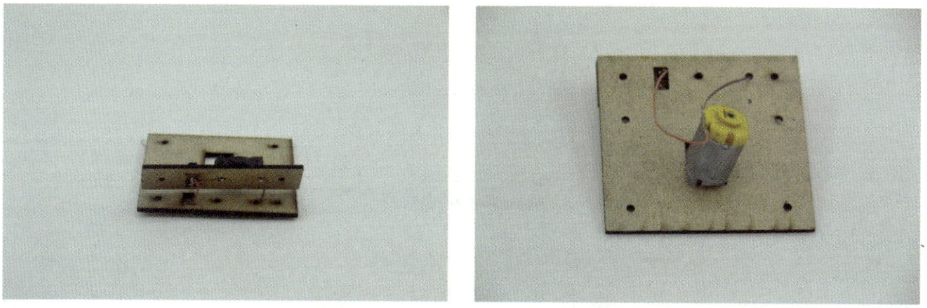

■ 图 11　电动机安装示意图

**Step 5**

将装好电动机的木板 2 放置在木板 1 上，用螺钉和螺母固定住。然后用蜗杆连接小电动机和长金属杆，完成后如图 12 所示。

■ 图 12　电动机的固定及转轴的安装

**Step 6** 将“小鸟”和“笼子”的图片粘在一起，长金属杆穿进两张纸的正中心，如图 13 所示。

■ 图 13　安装完成后外观

最后我们只需装上纽扣电池，打开开关就能看到小鸟出现在笼子里面了。同学们还可以发挥自己无尽的想象，制作出更多有趣的图案（见图 14）。

■ 图 14　其他图案选择

## 创意 expanding

**电视画面重现的原理**　荧光屏的影像其实是由每秒 30 个连续的独立面所组成的，它们本来是一格格的单独画面。映像管不断地传送一个又一个的画面，而这一个个的画面，由于人类视觉暂留现象的缘故，看起来就好像连续移动的画面，这就是电视能将动作重现的原因。而视觉暂留就是我们的眼睛看任何东西时，都会产生一种很短暂的记忆，把这些记忆记下来，连接在一起，我们就会看到动作，产生“画面连续不断”的错觉。

最早的时候，电影是如何放映出来的呢？1895 年，法国的卢米埃尔兄弟在爱迪生的“电影视镜”和他们自己研制的“连续摄影机”的基础上，研制成功了“活动电影机”，如图 15 所示。活动电影放映机通过在一个光源前高速转动带有连续图片的电影胶片条，从而形成活动的错觉。活动电影机由一个暗箱组成，里面装有 35 毫米凿孔胶片间歇运动的牵引机构和遮光旋转机构，并装有一个摄影镜头和一个放映镜头。

图 15 活动电影机

装上摄影镜头时，可以以每秒 12 幅的频率摄影，获得负片。取下摄影镜头，将曝光后的负片与另一条未曝光的胶卷贴在一起曝光后转成正片。放映时，正片装入放映机内。打开灯泡后，光束穿过胶片和镜头，静止的画面以极短的间隔高速地通过片窗，使影像在观看者的视网膜上暂留，观众便会看到一组活动的画面。

看过最早期电影的原理后，再看看我们的小制作，有的同学会说，我们制作的两帧动画太不过瘾了！那为何不改进一下，尝试做一个更多帧的动画呢？动手改进，看看能不能用此装置做出更多画面！

# 03 寻找同盟的终极装备——动手创作一个队友召唤器

五千年前，宇宙黑暗势力的代表暗影大帝率领暗影五行魔对地球发动攻击，铠甲勇士炘南、北森、东杉、西钊、坤中代表着光明的力量与侵略者展开了激烈的战争。在每一次战斗中，铠甲勇士都要使用召唤器装备——光影铠甲，形成正义的能量，战胜暗影异能兽，保卫我们的家园。现在，保护地球的使命落到了我们的身上，让我们一起来制作一个好玩的队友召唤器，一起来体验勇士们的勇敢与快乐吧！

**学习目标：**了解干簧管的工作原理；动手制作队友召唤器

**材料清单：**干簧管 ×1、纽扣电池（2032）×1、七彩发光二极管 ×1、环形磁铁 ×1、导线 ×2、拼接木板套材 ×1（见图 1）

**所需工具：**电烙铁、焊锡丝、螺丝刀等

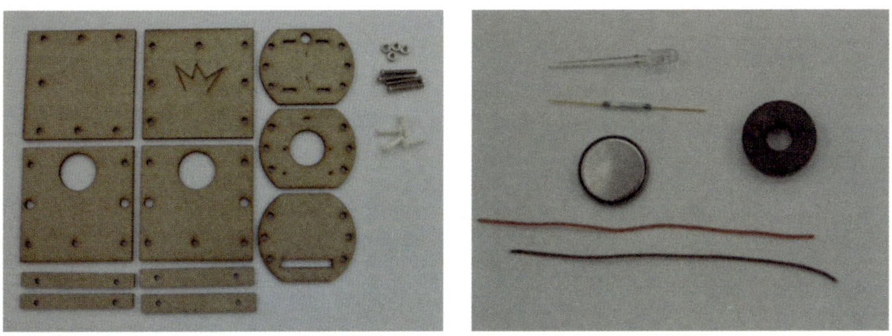

■ 图 1　制作所需材料

## 知识 learning

### 干簧管

队友召唤器是由召唤器和底座两部分构成的，当召唤器靠近底座时，其顶部的指示灯将会闪烁七彩光。召唤器是如何知道自己靠近了底座呢，其中的奥妙就在于召唤器中的干簧管和底座中磁铁的相互作用。

我们知道，人类了解外界环境所依靠的是我们的眼睛（视觉）、耳朵（听觉）、鼻子（嗅觉）、舌头（味觉）、皮肤（触觉），那么，诸如召唤器这样的机器是如何感知周围环境的呢？它们依靠的是传感器（一些对环境敏感的电子元器件或者电路），如温度传感器、湿度传感器、光线传感器、磁敏传感器、颜色传感器等。干

簧管就属于其中的磁敏传感器。

干簧管由两条软铁簧片、玻璃管及密封的惰性气体构成，如图2所示。具体的工作原理如下：

1）磁铁靠近干簧管，软铁簧片被磁化；

2）簧片在触点处被磁力吸引；

3）当吸引力大于簧片的弹力时，触点吸合；

4）磁力减小，小于簧片弹力时，触点断开。

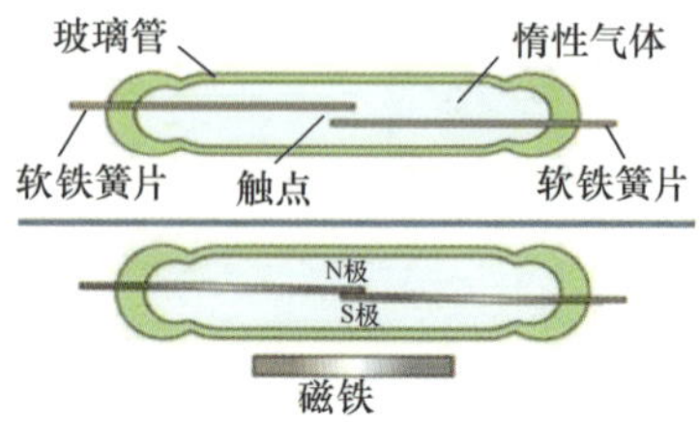


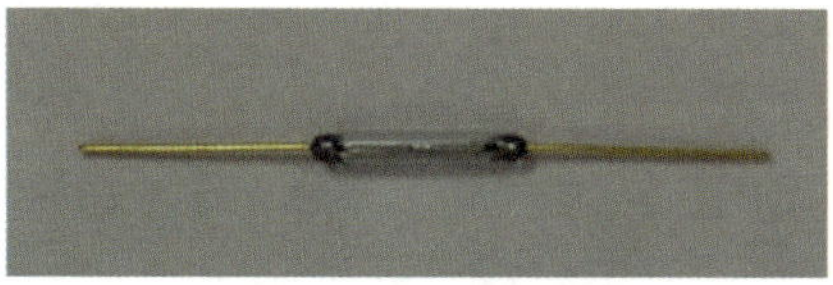

■ 图2　干簧管外形

## 技能 getting

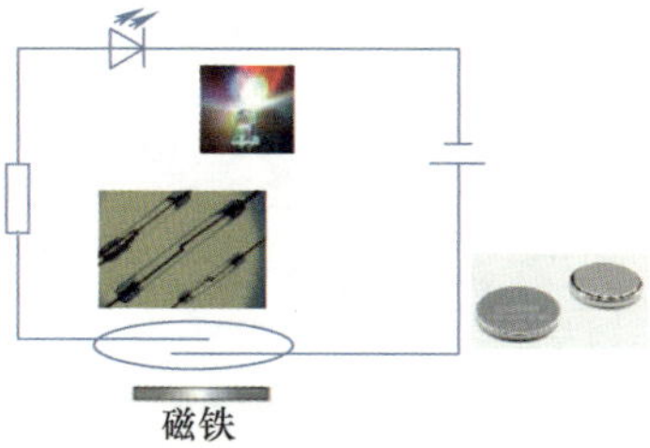


■ 图3　电路示意图

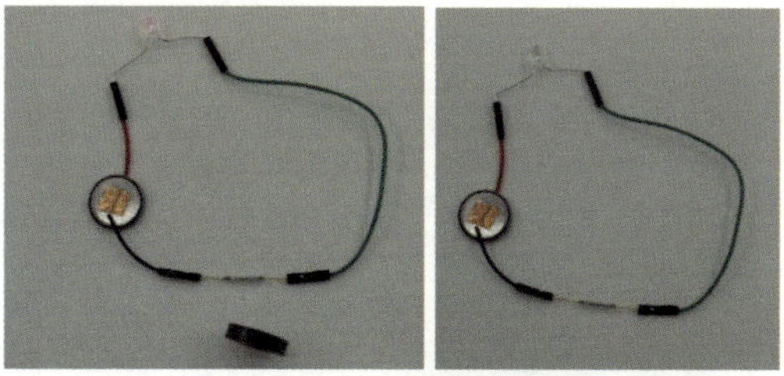

■ 图4　电路连接图

召唤器内部电路为一个典型的串联电路。电路连接如图3和图4所示。需要注意以下几个环节：

1）电源正极（红色导线部分）需要连接七彩发光二极管的阳极（较长的管脚）；

2）二极管的阴极连接干簧管的一端（干簧管两端没有极性，可以任选一端）；

3）干簧管的另一端连接电池的负极。

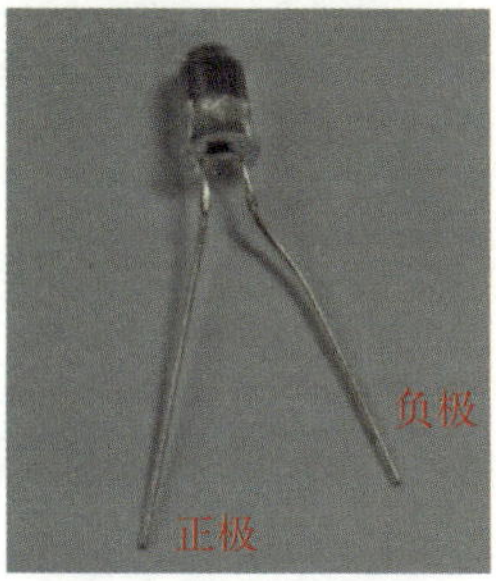


■ 图5　发光二极管外形图

### 发光二极管

发光二极管是一种将电能转化为可见光的固态半导体器件，外形如图5所示。当发光二极管的两个管脚加载合适的正向电压，使二极管中有电流流过时，二极管会发出各种颜色的光。

## 动手 DIY

设计好电路之后，下面我们开始按照步骤制作属于自己的队友召唤器吧。

### 1. 制作底座

底座制作所需材料如图 6 所示，制作成品如图 7 所示。建议组装步骤如下。

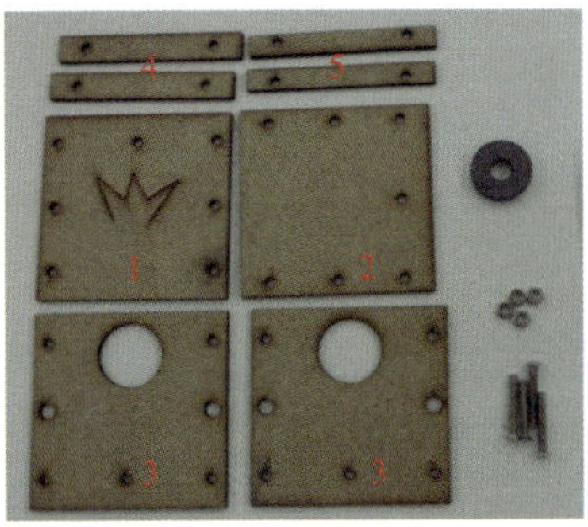

■ 图 6　底座所需材料

■ 图 7　底座成品

**Step 1** 将图 6 中的木板 2 和木板 3（两块）按照图 8 所示顺序叠在一起，并用 4 个螺钉进行固定。

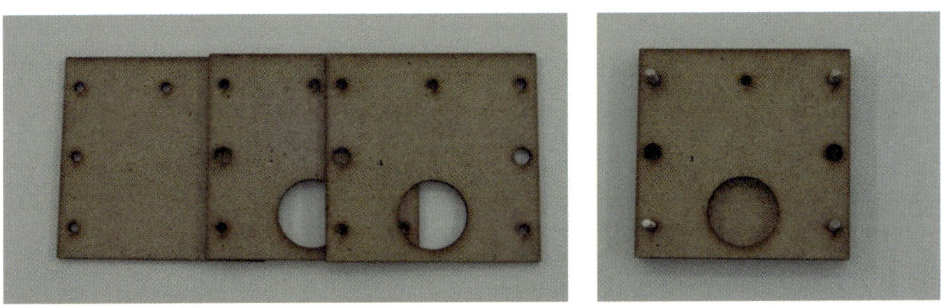

■ 图 8　步骤 1 组装示意图

**Step 2** 将磁铁放置到图 8 木板的圆孔位置，并将木板 1 放置在最上层，如图 9 所示。

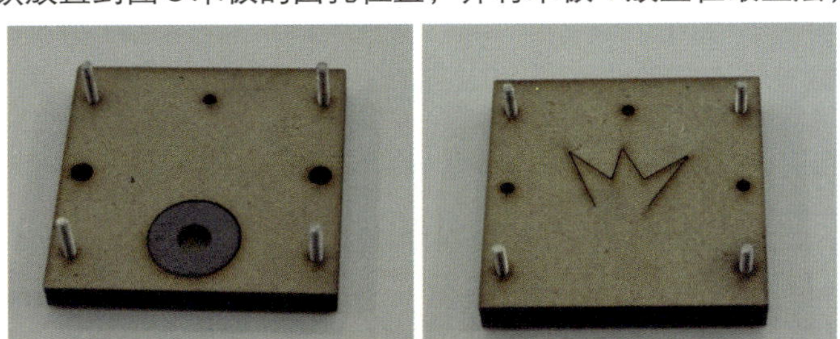

■ 图 9　步骤 2 组装示意图

**Step 3** 将两个木条 5（较窄木条）分别放置在拼好的木板上（注意木条放置方向，靠近底座外边缘一边要比靠近底座中心一边略宽），如图 10 所示。

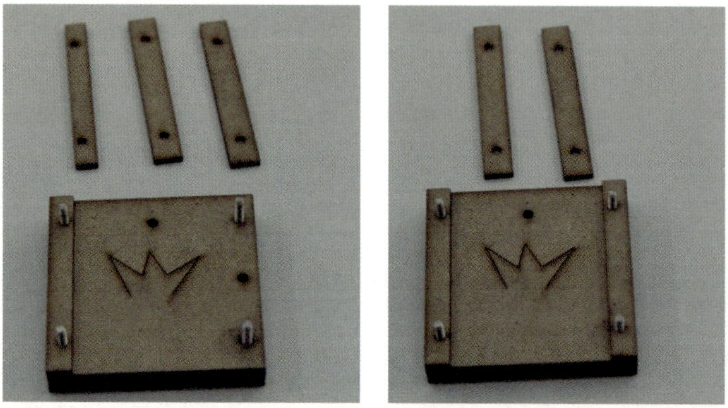

■ 图 10 步骤 3 组装示意图

**Step 4** 将木条 4（较宽木条）放置在最上层，并拧好螺母（注意：螺母不需要拧得特别紧），底座制作完成，如图 11 所示。

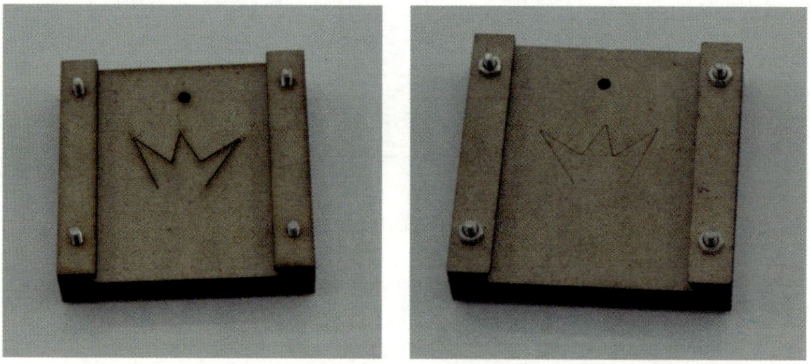

■ 图 11 步骤 4 组装示意图

## 2. 制作召唤器

召唤器部分制作所需材料和制作成品如图 12 所示。具体组装步骤如下。

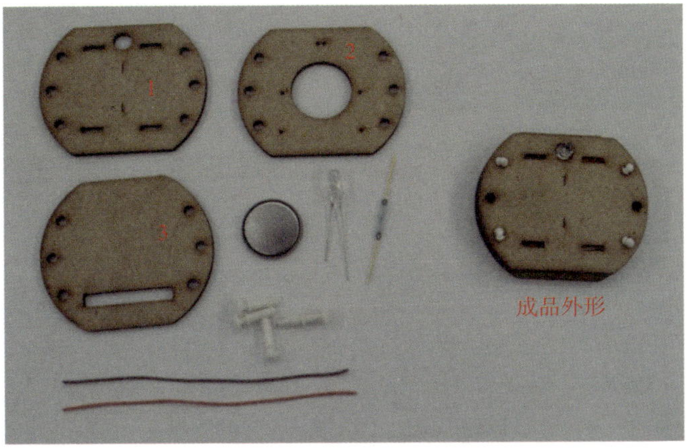


■ 图 12　召唤器部分材料汇总

**Step 5**

将发光二极管插入木板 2 顶端的两个小圆孔中，注意一直插到底，将阴极对应管脚折向中间大圆孔，阳极对应的长管脚折向大圆孔侧面的小圆孔，如图 13 所示。

■ 图 13　步骤 5 组装示意图

**Step 6**

将干簧管插入木板 2 下端的两个小孔中（注意：干簧管玻璃较脆，需要用手捏住金属脚的位置弯折；干簧管需要放置在与发光二极管相反的一面），并将二极管一面上伸出的管脚折平，如图 14 所示。

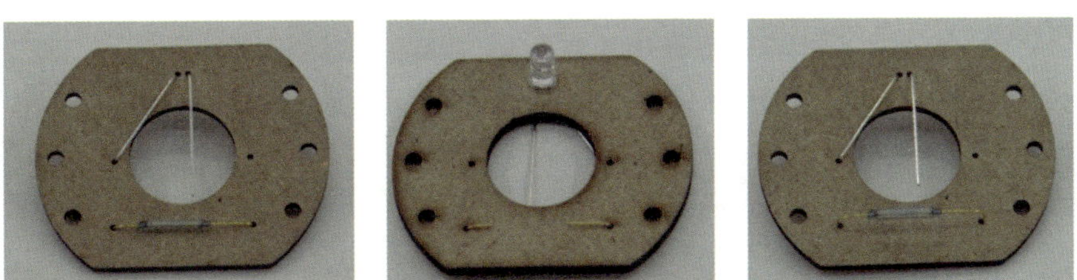

■ 图 14　步骤 6 组装示意图

Step 7 剥去铜导线外皮，并将其中一根弯成螺旋状，螺旋大小以接近铅笔粗细为宜。如图 15 所示。

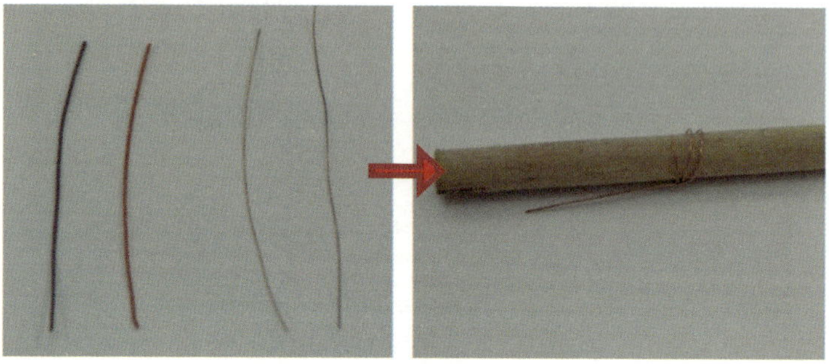

■ 图 15　步骤 7 组装过程

Step 8 将另一根剥皮后的铜导线按照图 16 所示，一端插入插有二极管阳极管脚的圆孔中，另一端插入插有干簧管管脚的圆孔中，并将其拉直。将在步骤 3 中完成的螺旋状导线的一端按照图 16 所示的方式插入干簧管另一管脚所在的圆孔中。

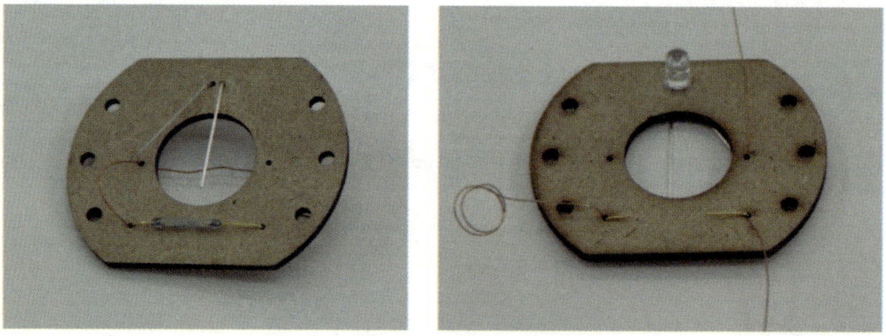

■ 图 16　步骤 8 组装过程

Step 9 使用电烙铁（或者导电胶带）将铜线与干簧管以及二极管阳极相连接。并用电烙铁将导线与干簧管焊接在一起，如图 17 所示。

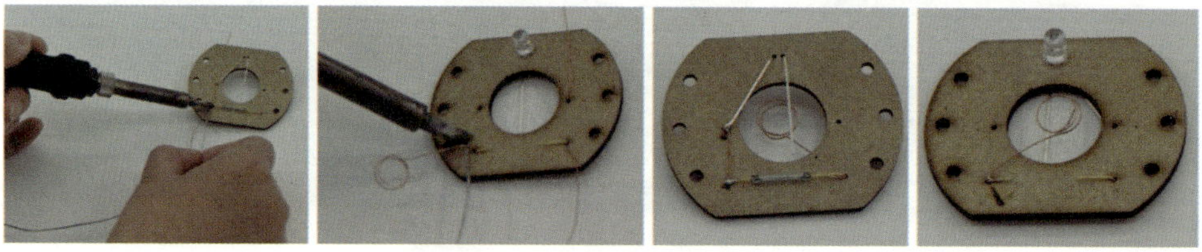

■ 图 17　步骤 9 制作过程

**Step 10** 安装电池。将纽扣电池按照图 18 所示装入木板 2。

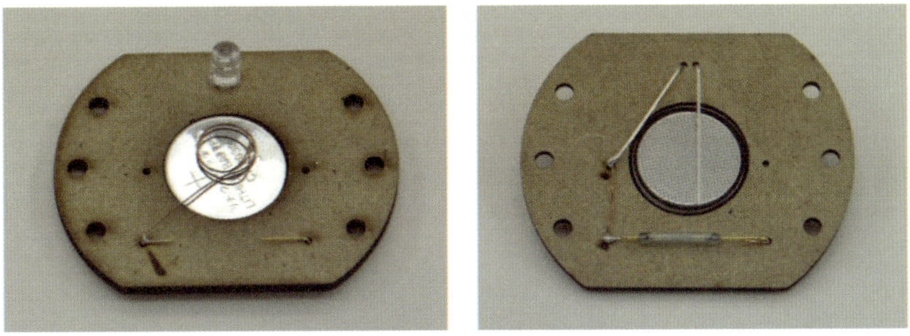

■ 图 18 电池安装示意图

**Step 11** 将木板 3 和木板 1 按照图 19 所示顺序叠放。

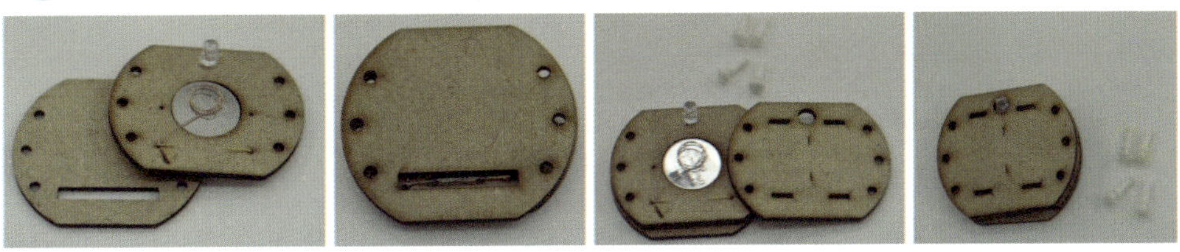

■ 图 19 步骤 11 组装示意图

**Step 12** 完成召唤器组装。将 4 个塑料铆钉从干簧管一侧按入四角上的圆孔，至此召唤器组装完成，如图 20 所示。

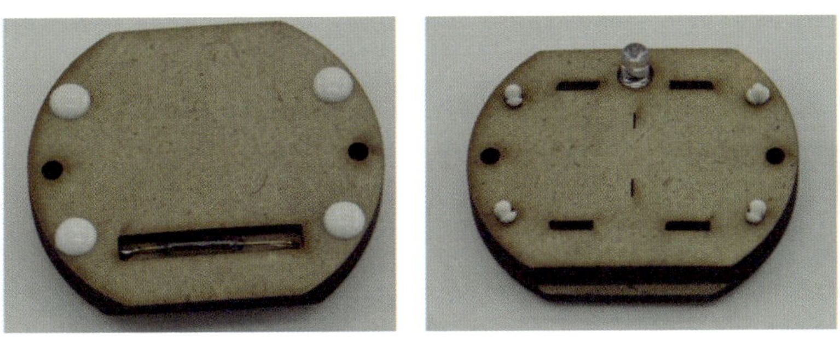

■ 图 20 召唤器成品外观

## 3. 召唤器和底座配合使用

制作完成的召唤器和底座如图 21 所示。将召唤器靠近底座或者将召唤器按照图 22 的方式插入底座木条构造的槽中，即可体验召唤成功的七彩闪烁效果。

■ 图 21　成品图片

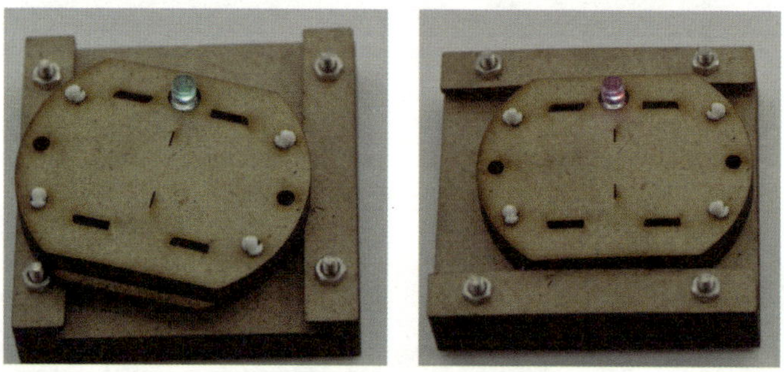

■ 图 22　召唤器效果图

同学们，现在你们可以用自己制作的召唤器去召唤自己的队友了，看到队友回应的七彩灯光，你是不是非常激动呢?

## 创意 expanding

同学们，展开你们想象的翅膀，思考一下，使用本次课程所学习的干簧管电路，你还能做出哪些创意的设计呢?

图 23 和图 24 为两个干簧管电路的创意应用实例。

■ 图 23　门磁报警器

■ 图 24　自行车计速器

# 04 荒野中的时钟——盐水电子表

如果你迷失在野外，手里只剩下一台手机，但是没电了，你不知道时间过去了多少，在漆黑的夜晚，手电筒竟然也坏掉了，你的身边没有光源，你将如何知道时间，该往哪里走，该如何求救！

此时此刻，想一想你身边或者背包里有什么东西可以帮助你，你打算怎么办呢?

**学习目标：** 用万用表测量盐水电池电压；了解盐水电池发电原理；制作盐水电子表

**材料清单：** 电子表 ×1、锌片 ×1、铜片 ×1、短导线 ×1、拼接木板套材 ×1、标准纸杯 ×2、铜箔胶布 5cm、彩笔 1 套（见图 1）

**所需工具：** 电烙铁、焊锡丝、剥线钳

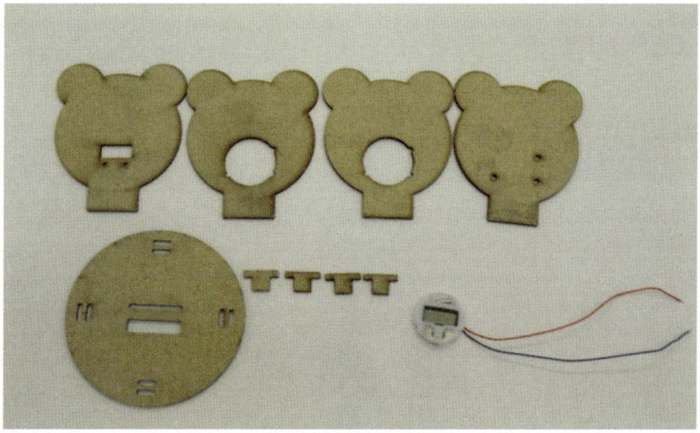

■ 图 1 材料清单

## 知识 learning

### 什么是电源?

说到电源，可能大家会想到插销、电池等，根据电源的定义，能够把其他形式的能量转换成电能的装置叫作电源。举例来讲，发电机能够把机械能转换成电能，

干电池能够把化学能转换成电能。发电机和电池本身并不带电，那么它们是如何提供电力，让世界变得明亮的呢？

原来在电池的两极分别有正、负电荷，而正是由于正、负电荷的存在，电池的两极便形成了电压。这时我们需要知道电流的产生是由于电荷在电压的作用下发生了定向移动。因此电路中能产生电流这件事，就好像有压力一直在推动着电荷，让它们共同朝着一个方向运动。

而导体为什么能导电？就是因为导体里存在大量能够自由移动的电荷，要产生电流只需要加上电压即可，当导体两端接上电池时，电池提供了电压，使导体内的电荷定向移动，形成电流，但当电池两极的电荷散尽时，电池就不能继续提供这种“压力”了，我们就说“电池没电了”，其实是电池两端不能再提供电压了。

最早的电池是如何发明出来的呢？在 1799 年，意大利物理学家伏特把一块锌片和一块锡片浸在盐水里，发现连接两块金属的导线中有电流通过。于是，他就把许多锌片与锡片之间垫上浸透盐水的绒布或纸片，平叠起来。用手触摸两端时，会感到强烈的电流刺激。伏特用这种方法成功地制成了世界上第一个电池——伏特电堆。这个伏特电堆实际上就是串联的电池组。它成为早期电学实验和电报机的电力来源。

## 技能 getting

盐水电子表的电路连接如图 2 所示。

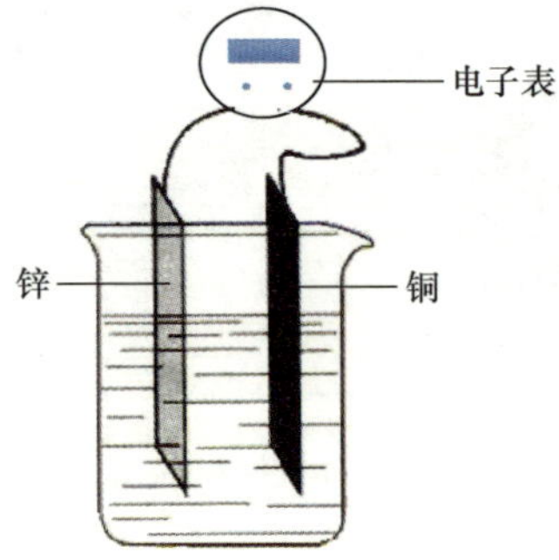


■ 图 2　盐水电子表电路连接图

## 认识原电池

原电池是将化学能转变成电能的装置。根据定义，普通的干电池、燃料电池和蓄电池都可以称为原电池。

原电池的工作原理是氧化还原反应，负极上失电子发生氧化反应，电子通过外电路输送到正极，正极上得电子发生还原反应，从而完成正极和负极之间电子的转移。两极之间溶液中离子的定向移动和外部导线中电子的定向移动构成了闭合回路，使两个电极的反应不断进行，发生有序的电子转移过程，从而产生电流，实现化学能向电能的转化。

从能量转化角度看，原电池是将化学能转化为电能的装置；从化学反应角度看，锌铜原电池的原理是：氧化还原反应中的锌失去的电子经外接导线传递给铜，使氧化还原反应分别在锌和铜上进行。

那么，组成原电池都需要什么样的材料？

1）电极材料由两种金属活泼性不同的金属或由金属与其他导电材料（非金属或某些氧化物等）组成；

2）电解质存在；

3）两电极之间有导线连接，形成闭合回路。

## 动手 DIY

### 1. 制作表盘

**Step 1** 取出材料，其编号如图 3 所示。

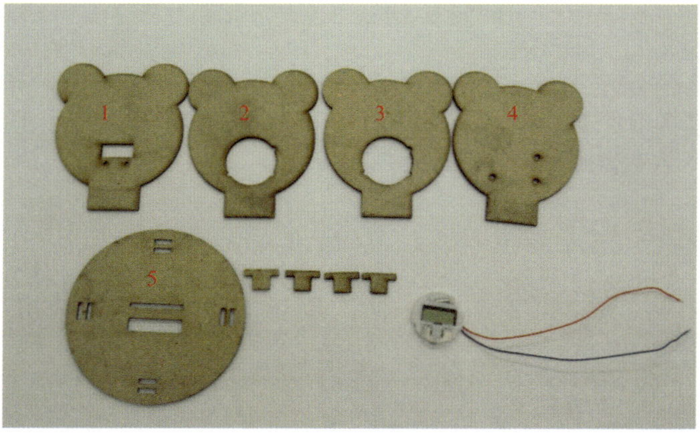


图 3　材料编号

**Step 2** 取出电子表，放置在带有 3 个孔的木板 4 上，如图 4 所示。

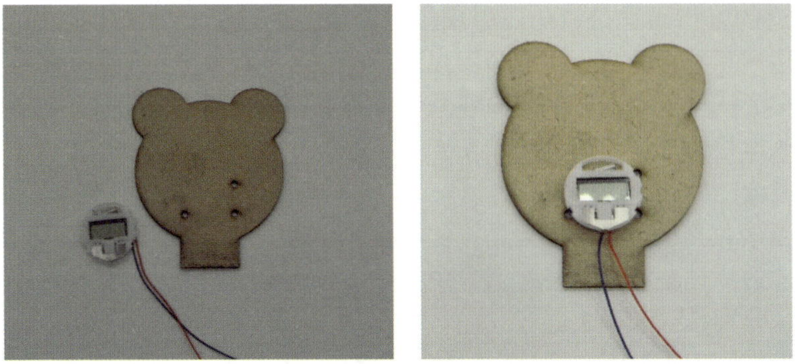

■ 图 4　电子表安装示意图

**Step 3** 取出两块相同的带有圆形镂空的木板 2 和木板 3，重叠放在电子表和木板 4 上，使 3 块木板重叠，如图 5 所示。

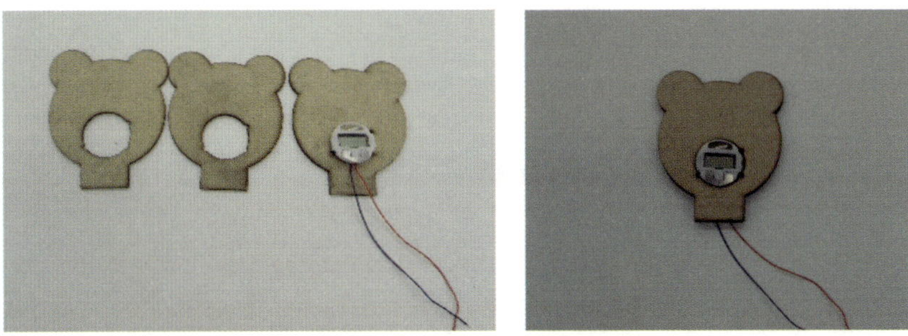

■ 图 5　步骤 3 安装示意图

**Step 4** 将表盘的 3 个缺口对准木板 4 的 3 个孔，用塑料铆钉插入 3 个孔内，将表盘与 3 块木板固定好，如图 6 所示。

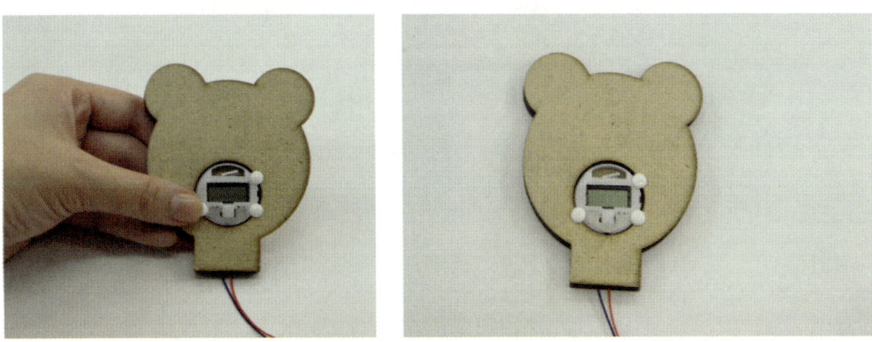

■ 图 6　步骤 4 安装示意图

**Step 5** 将 3 块木板插入到圆盘木板 5 的长方形镂空内，如图 7 所示。

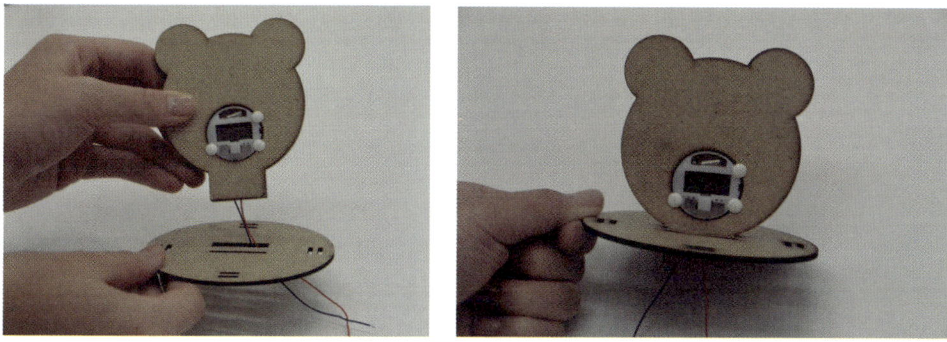

■ 图 7 步骤 5 安装示意图

**Step 6** 取出两颗短塑料铆钉和固定圈，按图 8 所示安好，插在表盘的两个小孔内，再将其插入圆盘的长方形镂空中。

■ 图 8 调节按钮安装示意图

## 2. 制作电路

Step 7 用剥线钳剥开导线，露出铜丝。将 5cm 的铜箔胶带分成 4 小段，用来将导线与铜片、锌片相连，如图 9 所示。

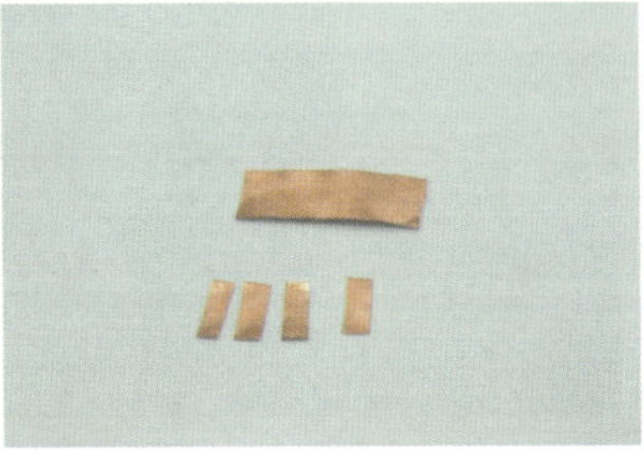

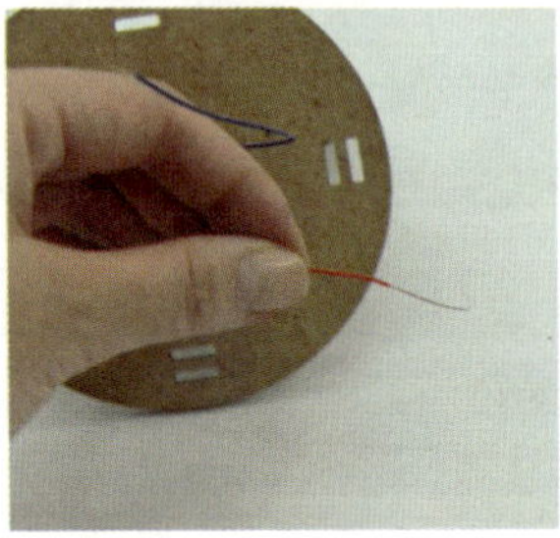

■ 图 9　步骤 7 安装示意图

Step 8 再使用相同的方法，将另一根导线剥露出铜丝，与锌片相连，如图 10 所示。

■ 图 10　金属片安装示意图

Step 9 为保证铜板和锌板不会接触，应用胶带将铜板和锌板固定在纸杯两侧，再向纸杯内倒入水，加入适量食盐。如图 11 所示，将另外一个纸杯裁剪至一半高度，并将电子表红色导线相连的铜片放在小杯外面。大杯内放一部分盐水，没过伸进去的铜片。

■ 图 11　步骤 9 安装示意图

**Step 10** 电子表蓝色导线相连的锌片放在小杯内，绿色导线相连的铜片也放在小杯内，绿色导线相连的锌片深入大杯内，如图 12 所示。

■ 图 12　步骤 10 安装示意图

**Step 11** 倒好水后，用小木片固定好杯子，如图 13 所示。

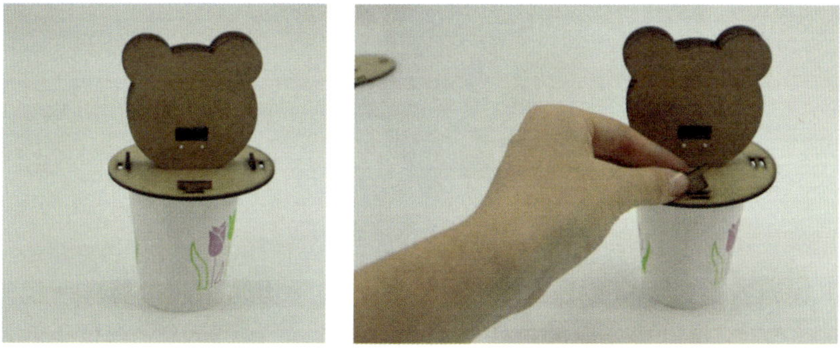

■ 图 13　步骤 11 安装示意图

**Step 12** 为盐水发电表画上你喜欢的表盘吧（见图 14）！

■ 图 14　表盘绘制示意图

## 3. 使用万用表测量电压

（1）先了解一下万用表表盘上各字母的含意（见图 15）。

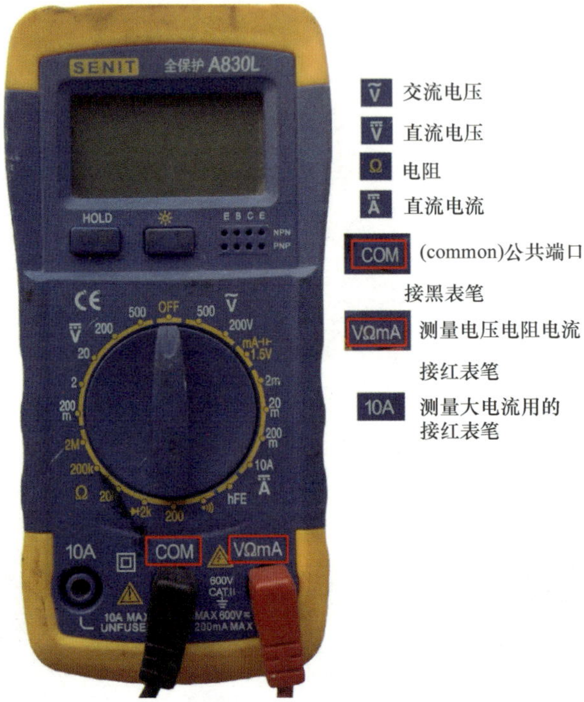


■ 图 15　万用表外观

（2）拨到万用表的电压档，调到 20V 的档位（为防止超过量程所以先拨到较大的电压档位），看看显示出的电压，如果低于 2V，就调到 2V 档位。我们先来测量一下普通干电池的电压，如图 16 所示。

（3）以此为例，再测出盐水中锌铜片之间的电压。

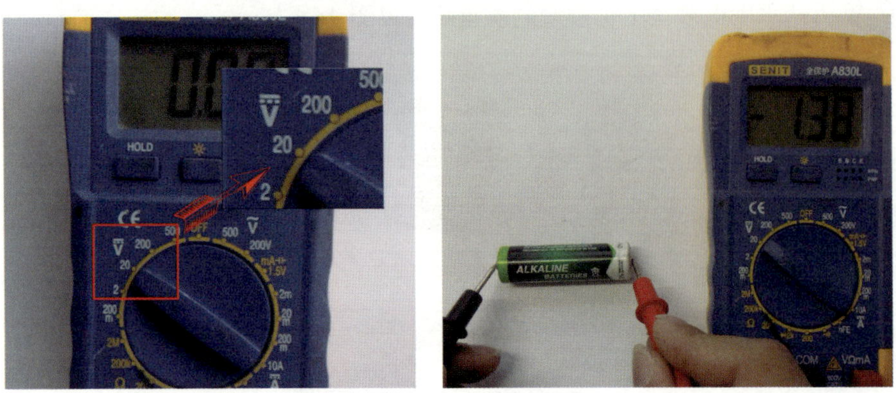


■ 图 16　万用表测量示意图

## 创意 expending

### （1）SALt 盐水灯

网络上某研发团队计划推出一款神奇的产品，叫作“SALt 盐水 LED 灯”，按照该团队的设想，这个盐水灯可以实现“给我一杯水和两匙盐，我就能发光发亮 8 小时，而且还能给电子设备充电。”（见图 17）

■ 图 17　SALt 盐水灯

未来，盐水灯不仅可以解决偏远地区的照明问题，而且它也比传统的煤油灯和电灯便宜得多。由于它没有任何会引发火灾的器件和化学成分，因此它也十分安全。但最重要的是它很环保，因为它既不排放毒气也不会产生任何碳足迹。

### （2）环保跑车

2014 年，瑞士独立汽车品牌 NanoFlowcell 向世人展示了一款环保跑车（见图 18），该跑车的最大功率可达 920 马力，它使用一种名为电解质流动电池的动力系统，可为 4 台电力发动机提供动力。电解质流动电池与我们本次制作中的盐水电池具有同样的工作原理。

■ 图 18　Quant e-Sportlimousine

# 05 飞向敌人的阵地——飞机弹射器

## ——动手创作一个可以发射纸飞机的机器

重型飞机要想从航空母舰上起飞，必须有飞机弹射器，因为靠飞机本身是不足以在跑道不够长的航空母舰上起飞的。今天我们就要做一个“飞机弹射装置”，童年的纸飞机不一定要用手帮它“起飞”！

**学习目标：**了解摩擦力的基本原理；学习基本的并联电路原理；动手制作飞机弹射器

**材料清单：**马达 ×2、五号电池 ×2、电池盒 ×1、小齿轮 ×2、导线 ×4。螺母 ×4、羊角螺母 ×2、短螺丝钉 ×2、长螺丝钉 ×4，木质套材 ×1 套（见图 1）

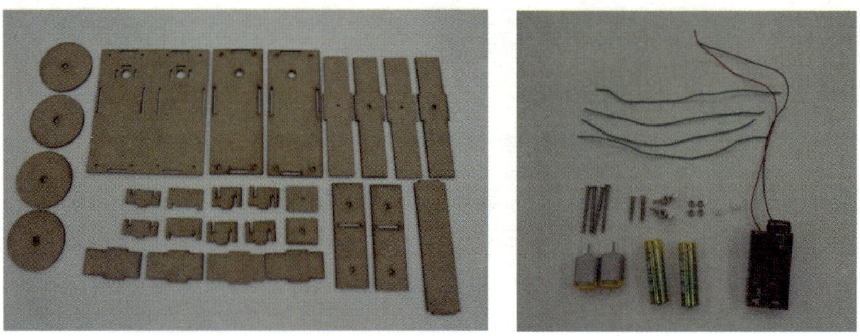

■ 图 1　所需材料清单

## 知识 learning

### 摩擦力

什么叫摩擦力?

阻碍物体相对运动（或相对运动趋势）的力叫作摩擦力。摩擦力的方向与物体相对运动（或相对运动趋势）的方向相反（见图 2）。摩擦力分为静摩擦力、滚动摩擦力和滑动摩擦力 3 种。

一个物体在另一个物体表面发生滑动时，接触面间产生的阻碍它们相对运动的摩擦力，称为滑动摩擦力。滑动摩擦力的大小与接触面粗糙程度的大小和压力大小有关。压力越大，物体接触面越粗糙，产生的滑动摩擦力就越大。如图 2 所示，我

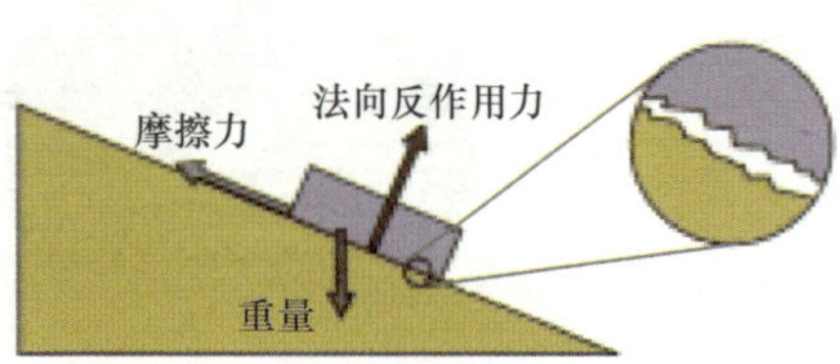


■ 图 2　摩擦力示意图

们可以简单看一下物体是怎样受到摩擦力的。

摩擦力在我们生活当中起着十分重要的作用。没有摩擦力的话鞋带无法系紧，螺钉和钉子无法固定物体，我们更无法行走。

摩擦力有的时候对我们是有益的，有的时候却是有害的，对于有益的摩擦力，我们想要增大它，让它为人类做贡献。增大有利摩擦的方法有增大压力、增大接触面的粗糙程度等。对于有害的摩擦力，我们希望它尽量减小或者避免，减小有害摩擦的方法有①减小压力；②使物体与接触面光滑；③使物体与接触面分离；④变滑动为滚动等。

讲完了摩擦力，我们要切入主题了。这次我们要做一个纸飞机弹射装置，利用的原理当然就是上面给大家科普的摩擦力。在这里我们要用到反向摩擦力，要通过两个电动机向相反的方向转动产生的摩擦力使纸飞机飞出去。

## 技能 getting

之前的课程中我们讲过了串联电路，今天的飞机弹射器我们要用到并联电路。串联电路是把元器件穿成“串”，并联电路就是让电路用电器（图 3 和图 4 中的电动机就是用电器）并排连接到电路中。图 3 中的带有“M”字样的小圈就代表小电动机。小电动机并排分成两路连接到电路当中，这样做的目的是使每个电动机都能享受到 3V 的电压，而不会像串联那样两个电动机分摊这 3V 电压。

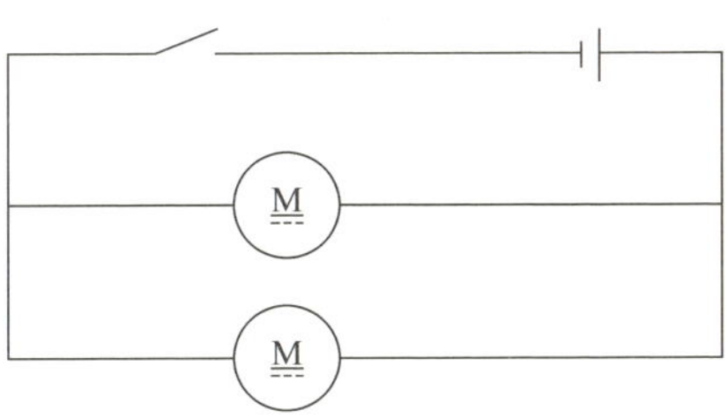


■ 图 3　飞机弹射器电路图

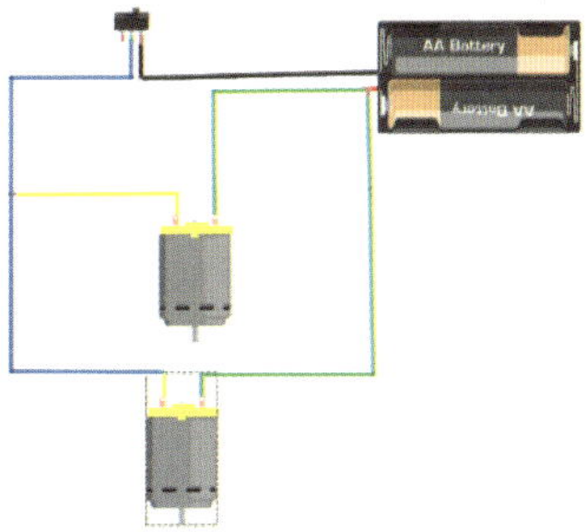


■ 图 4　弹射器电路连接图

## 动手 DIY

首先给大家展开看一下纸飞机弹射器的所有零部件，如图 5 所示。

■ 图 5　弹射器木板材料编号

**Step 1**

将图 5 中的两块木板 7 插入木板 1 中，插入位置如图 6 所示。将 4 块木板 9 按照图 7 所示，与木板 1 和木板 7 安装到一起。

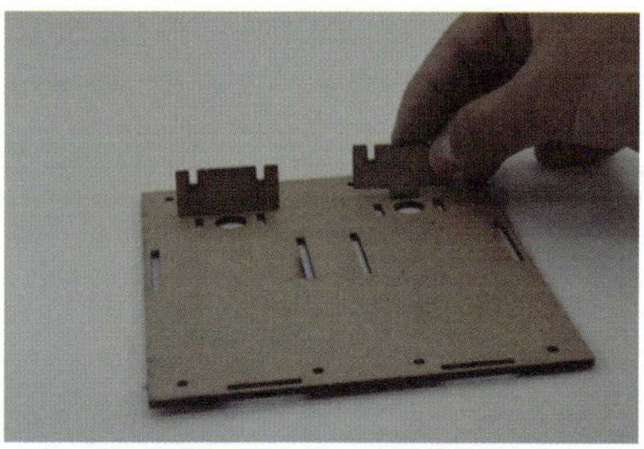

■ 图 6　电动机卡座安装 a

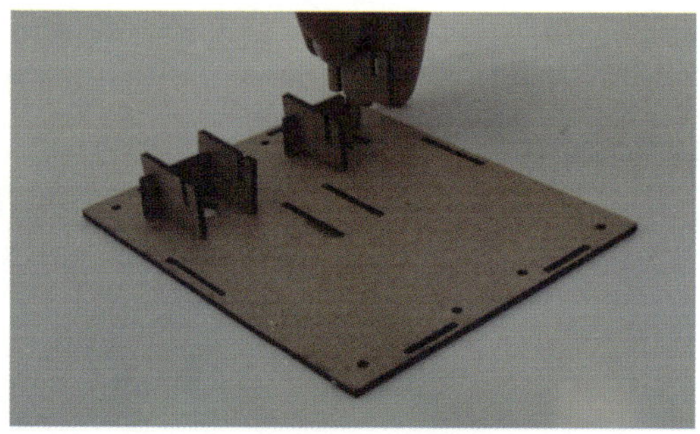

■ 图 7　电动机卡座安装 b

**Step 2**

如图 8 所示，将小齿轮安装到马达的主轴上，然后使用电烙铁和焊锡将导线焊接到马达的两个端子（两个小铜片）上，如图 9 所示。

■ 图 8　主轴齿轮安装方法

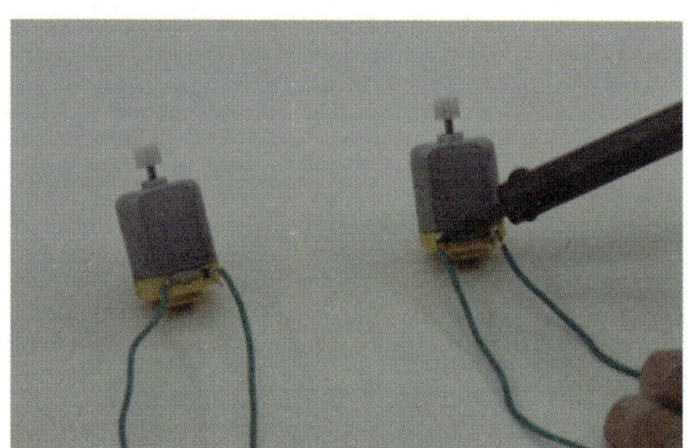

■ 图 9　马达导线焊接方法

**Step 3** 将马达放入到之前用木板 7 和木板 9 搭的卡座里。马达尾部圆形突起插到木板 1 的圆洞里，如图 10 所示。注意将导线按图 11 所示插到木板 1 下端的小孔里。

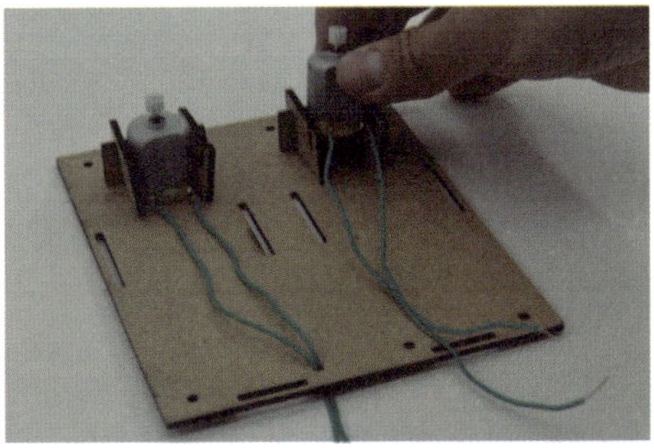

■ 图 10　马达安装方法

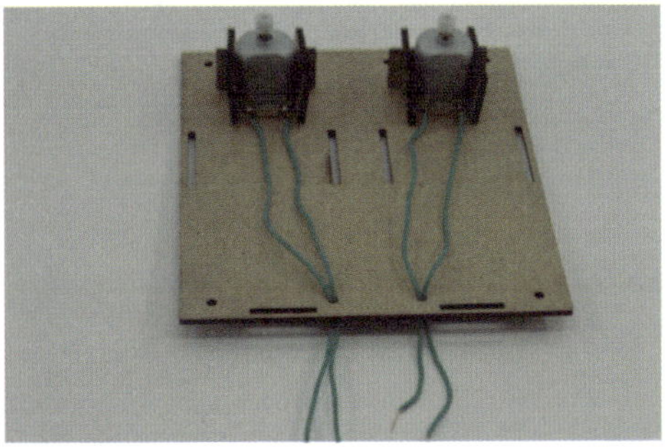

■ 图 11　马达导线安装方法

**Step 4** 用两块木板 6，按照图 12 所示方式将马达封闭起来。并且按照图 13 所示，将木块插到相应的槽里。将另两块木板 6 插入木板 1 下面的两个方形槽中。

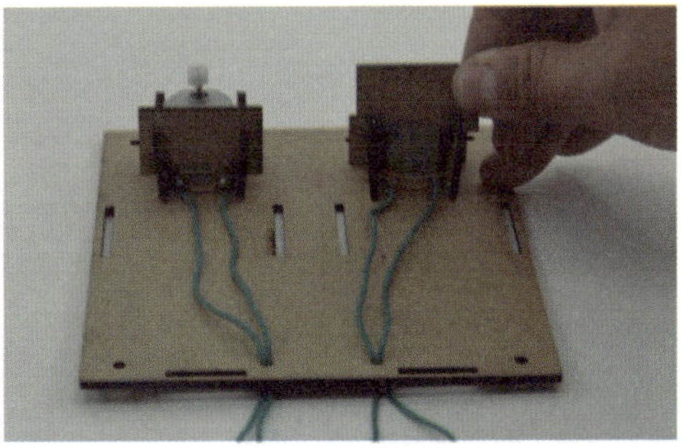

■ 图 12　马达封闭方法

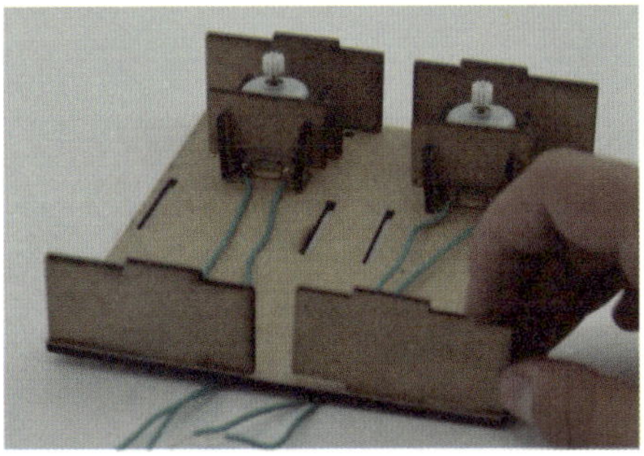

■ 图 13　步骤 4 安装示意图

**Step 5** 用 4 块木板 3 将之前拼好的整体围出两个长方形，将木块的突起按图插到相应的槽里，如图 14 所示。插好木板 3 后，在木板 3 中间有个小孔，我们在模型整体最左端和最右端的木板 3 的小孔中插入两枚小螺钉，如图 15 所示。

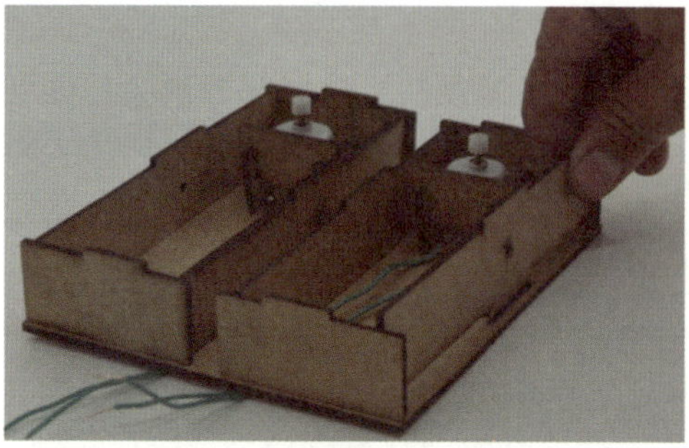

■ 图 14 木板 3 组装方法

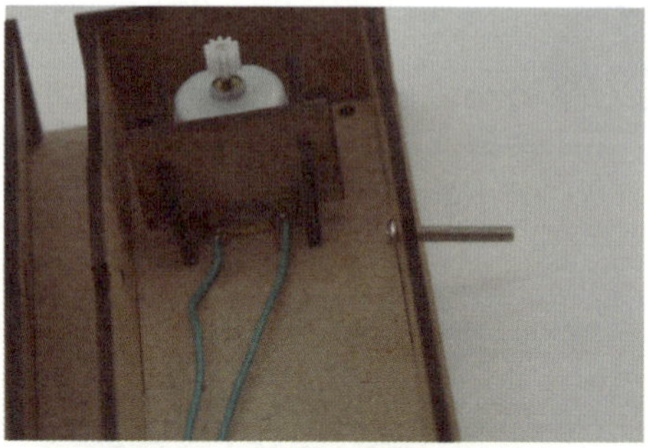

■ 图 15 木板 3 螺钉安装

**Step 6** 在刚才插好的小螺钉上插入带孔的木板 10，如图 16 所示。再插入木板 5，并按照图 16 右图所示方法拧上羊角螺母固定好。

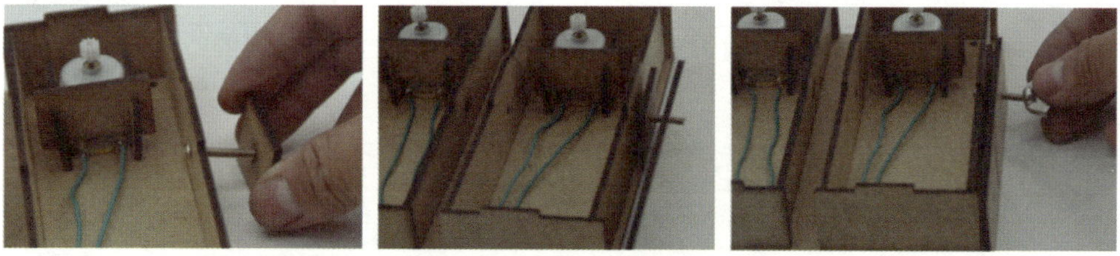

■ 图 16 步骤 6 安装方法

另外我们还设计了一个支架，可以作为调整飞机起飞角度用。同学们可以在木质套材中找到支架的材料（木板 4 和木板 5）。按照图 17 所示安装上支架并在图 16 的基础上，也就是安装羊角螺母之前装上支架，装好后用羊角螺母固定住。

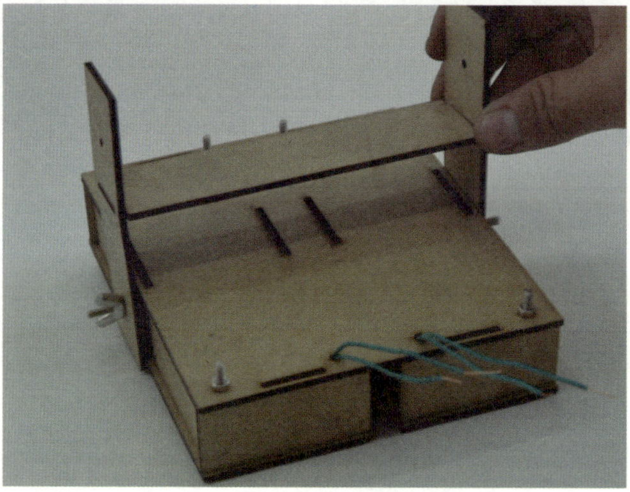

■ 图 17 飞机起飞角度调整支架

**Step 7**

按照图 18 所示给模型加上盖子（木板 2），并用长螺钉在每个长方体对接处插上长螺钉（一共 4 个长螺钉，自己分配好，以保证整体牢固），最后在反面为每个长螺钉套上螺母并拧紧。

■ 图 18　弹射器上盖安装

**Step 8**

为了保证两个小马达反向转动，我们把刚才的导线按照甲马达的一个导线配乙马达的一个导线来配组。电池盒黑线配一组，电池盒红线配一组，如图 19 所示。

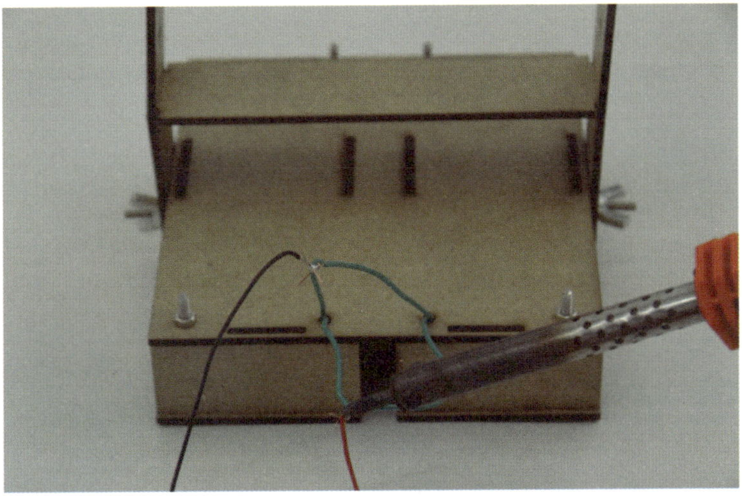

■ 图 19　马达与电源的连接方法

**Step 9**

最后终于能用上这个小圆轮（木板 11）了，按照图 20 所示，我们把每两个小圆轮分别套在一个马达上即可。装上电池，打开开关，两个小圆轮就会反方向转动，这时候我们要判断左边圆轮是否是逆时针转动，右边圆轮是否是顺时针。如果出现左边圆轮顺时针右边逆时针的情况，那么我们要改一下步骤 8 的配组，只要把红黑线对调即可。

■ 图 20　小圆轮安装方法

安装好的飞机弹射器如图 21 所示。你可以尽情地用它来发射纸飞机了，我们来比一比，看谁的飞机弹射得更高，飞得更久。

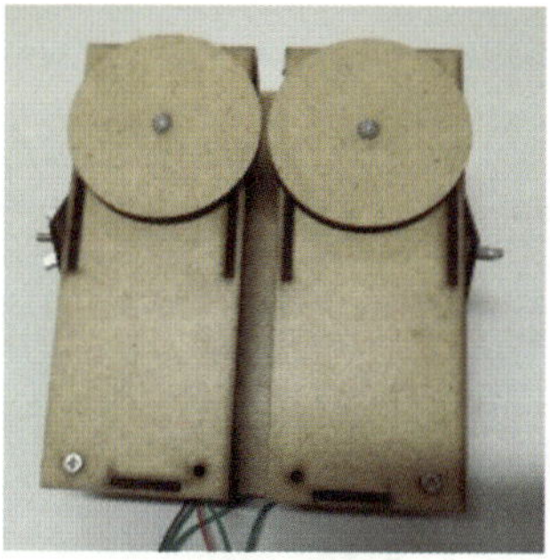

■ 图 21　安装好的飞机弹射器

## 创意 expanding

同学们，想一想，利用摩擦力我们还能做出什么样的其他设计呢?

利用摩擦力，有位老师制作了一个“小孩上树”的设计，如图 22 所示。电池为电动机供电，电动机转动，带动齿轮，齿轮传导使小圆圈转动，通过摩擦，绳索把小木块送了上去。

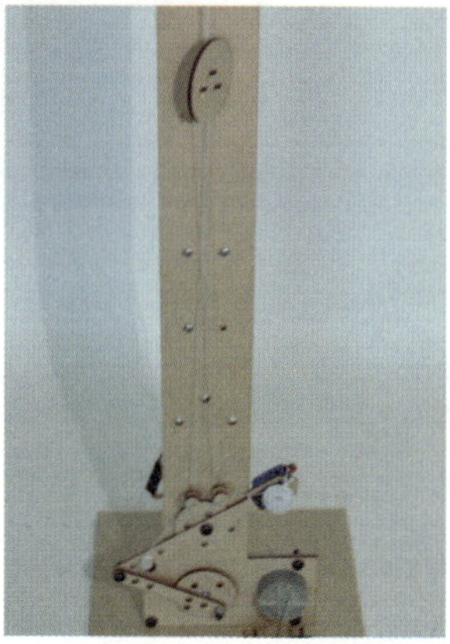

■ 图 22　“小孩上树”设计

# 06 光与影的故事——动感冷光线

西汉时候，有个农民的孩子叫匡衡，他小时候很想读书，可是因为家里穷，白天种庄稼，没有时间看书，他就想：我可以多利用一些晚上的时间来看书。但匡衡家里很穷，买不起点灯的油，怎么办呢?

有一天晚上，匡衡躺在床上背白天读过的书，背着背着，突然看到东边的墙壁上透过来一线亮光。他霍地站起来，走到墙壁边一看，原来从墙缝里透过来的是邻居家的灯光。于是，匡衡想了一个办法：他拿了一把小刀，把墙缝挖大了一些。这样，透过来的光亮也大了，他就借着透进来的灯光，读起书来。

那时夜晚的灯光如此珍贵，可如今，夜晚的灯光已不再是奢侈品，因为有电的存在，我们可以让周围的世界随时充满光亮，那么我们能不能把光搞出酷炫的模样呢?

那你就需要这样一种叫作“冷光线”的东西……

**学习目标：**了解水银开关原理及使用方法；了解冷光线发光原理；制作可控的冷光线

**材料清单：**水银开关 ×1、三脚二档开关 ×1、长导线 ×2、冷光线 ×1m、电池盒 ×1、塑料钉、木板套材 ×1（见图 1）

**所需工具：**电烙铁、焊锡丝、剥线钳

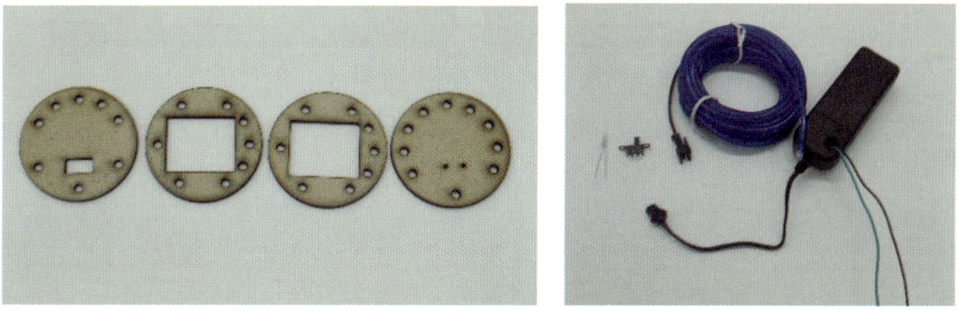

■ 图 1 所用材料清单

## 知识 learning

### 冷光线

冷光线的学名叫作电激发光（Electro Luminscent，EL）线。EL 线是国际发光显示照明领域的新一代产品，外形与普通电话线相仿，表层为彩色荧光 PVC 塑料套管，其工作时发光连续，无任何热辐射，耗电量为 LED 灯的 50%~70%，为串灯的 20%~40%，为霓虹灯的 1%~10%。冷光线的发明开创了节能、环保、健康照明的新时代。

冷光线发光均匀细腻、色彩亮丽、颜色丰富。工作与非工作状态下立体与透视感强烈，外表与发光颜色高度统一，同时适合昼、夜观察。冷光线产品发光柔和，不会对人类或其他动物视觉产生刺激和眩目，更不会对植物生长产生不利影响，尤其适合人类夜间视觉观察。如将其制成汽车门发光线，夜间车门打开时整体门的边沿轮廓发出彩色闪光，远距离观察清晰安全。或将其布置装饰于树木、草丛表面，可以产生美化城市效果。如图 2 中，冷光线用在家用汽车装饰上有着不俗的效果，在一些其他的家用装饰上也很节能、安全、美观，还有用冷光线做的花束。

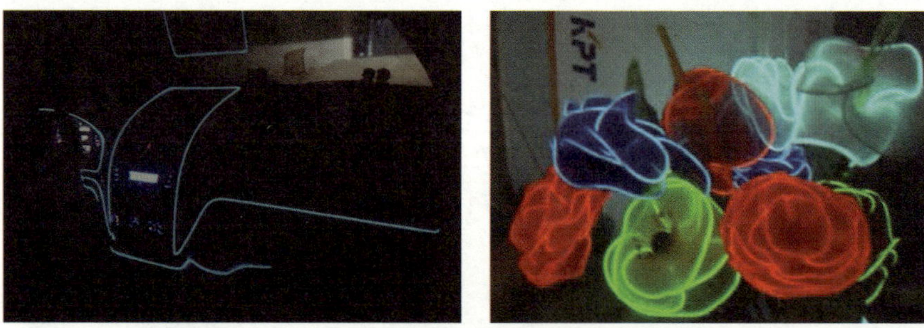


■ 图 2　冷光线效果图

同时冷光线还具备节能、环保、健康的特点。冷光线功耗较低，适用电压范围广（3~220V），工作时无热辐射产生，可以大量节约电力能源；按冷光线现有状态，只应用于户内及户外低矮建筑装饰，就可节约现有城市夜间装饰性耗电量的 15%。冷光线的大量应用可以有效降低城市环境温度，该产品使用与废弃时均不会产生任何环境污染，尤其可以有效防止大城市中极为严重的光污染。由于冷光线使用时工作电流极小，因此不会对人体造成威胁。

冷光线具备柔软、可折叠、弯曲，随意打结、裁减、拼接而不会影响发光性能的特点。柔性霓虹线柔软度如普通电话线，其折角可以大于 15°，弯曲可以实现 360°，并且可以反复折叠、弯曲、打结。柔性霓虹线长度根据实际使用需要能够随意剪接，首尾发光亮度与均匀性不会发生变化。

## 技能 getting

冷光线的电路连接如图 3 所示。

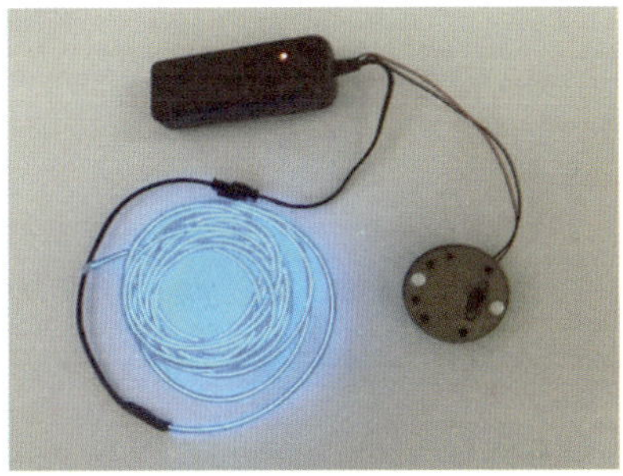

■ 图 3　冷光线电路连接示意图

1）将拨动开关与水银开关串联即可；

2）需要用到拨动开关中间引脚和任一侧引脚。

## 水银开关

水银开关又称倾侧开关，是电路开关的一种，以一个接着电极的小巧容器储存着一小滴水银，容器中多数为真空或注入惰性气体。如图 4 所示，我们可以看到水银开关里面有一小滴水银，它就是开关的关键所在。因为重力的关系，水银水珠会向容器中较低的地方流去，如果同时接触到两个电极的话，开关便会将电路闭合，开启开关。图 4 所示为水银开关原理图。

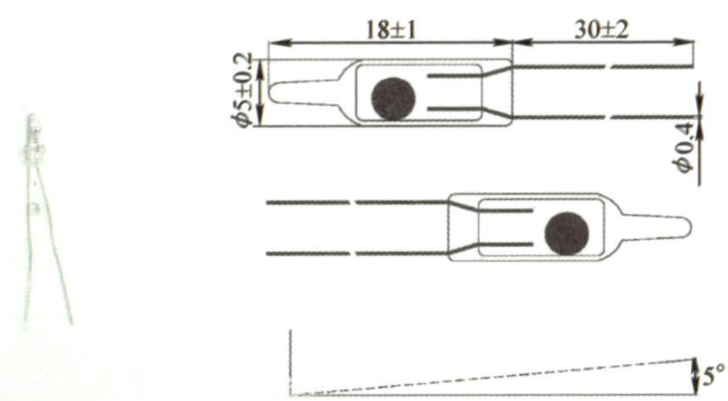


■ 图 4　水银开关

容器的形状亦会影响水银水珠接触电极的条件，例如，邮包炸弹使用的会是倒 V 字形的，令收件人在不知情的情况下倾侧邮包，闭合电路，制动爆炸，但送件人（或是邮包携带者或制造者）则不会。

注意：水银对人体及环境均有毒害，因此使用水银开关时，请务必小心谨慎，以免破裂；在不使用时，应该妥善处理。

## 动手 DIY

### 1. 制作水银开关控制盒

控制盒木板编号如图 5 所示。

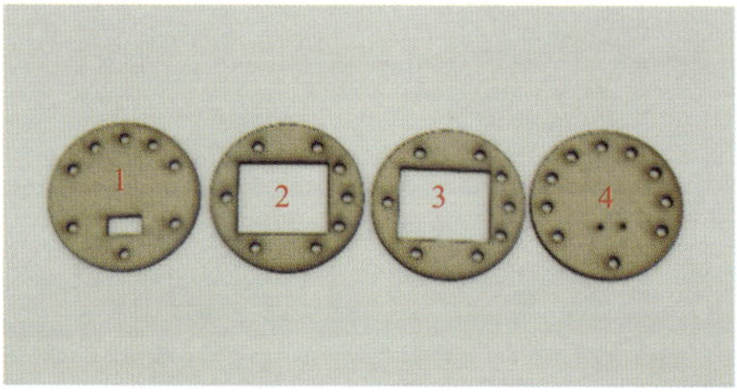


■ 图 5　控制盒编号图

**Step 1** 我们先将开关放入木板 1 的长方形槽中，并准备好木板 2 和木板 3，排列好，如图 6 所示。

■ 图 6　步骤 1 安装示意图

**Step 2** 根据小圆板上的圆孔让木板 1~ 木板 3 对齐叠在一起，如图 7 所示。

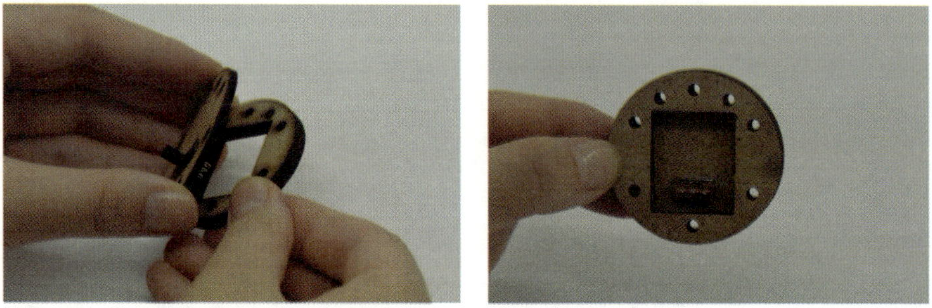

■ 图 7　步骤 2 安装示意图

**Step 3**

将水银开关的一端焊到拨动开关的一侧，完成这步后，将剥好线头的两根导线插入木板 4 上，如图 8 所示。

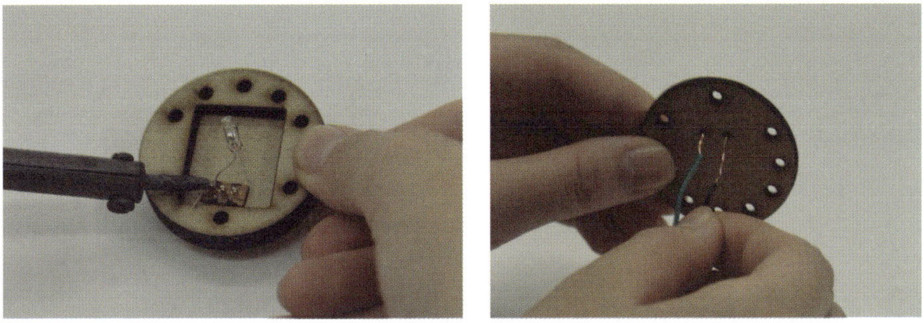

■ 图 8　步骤 3 安装示意图

**Step 4**

将穿好的导线的其中一根焊在拨动开关的中间引脚上，另外一根导线焊接在水银开关的另外一端，其电路连接如图 9 所示。

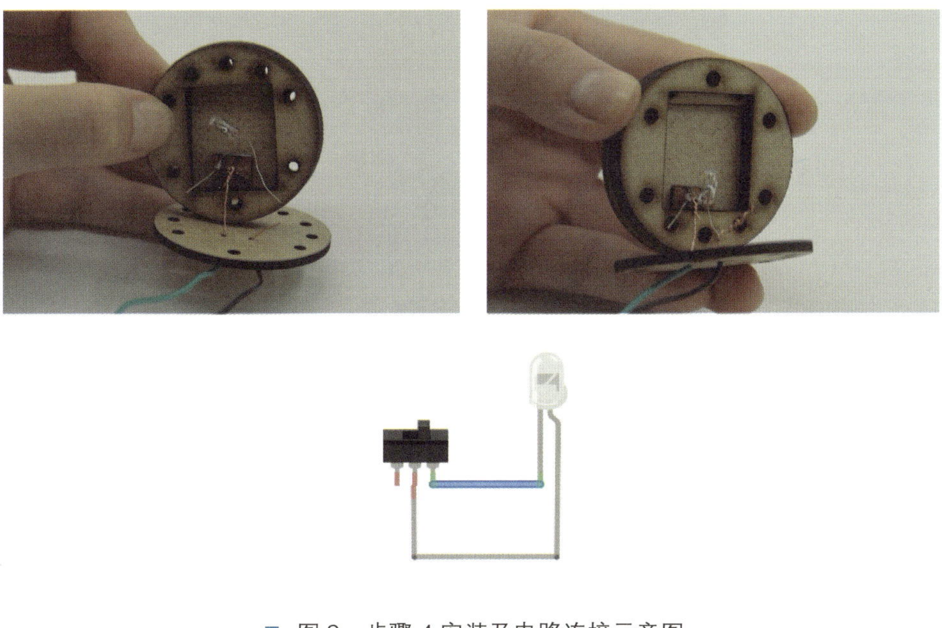

■ 图 9　步骤 4 安装及电路连接示意图

**Step 5**

两根导线都焊接完毕后，将 4 块板全部对齐叠好，在任意两孔中插入两颗铆钉固定，只要保证整体坚固即可，如图 10 所示。如此，水银开关控制盒就做好了。

■ 图 10　控制盒安装完成图

## 2. 制作冷光线的外形

**Step 6** 将电池盒插口与冷光线相连，在电池盒中装好两节五号电池，如图 11 所示。

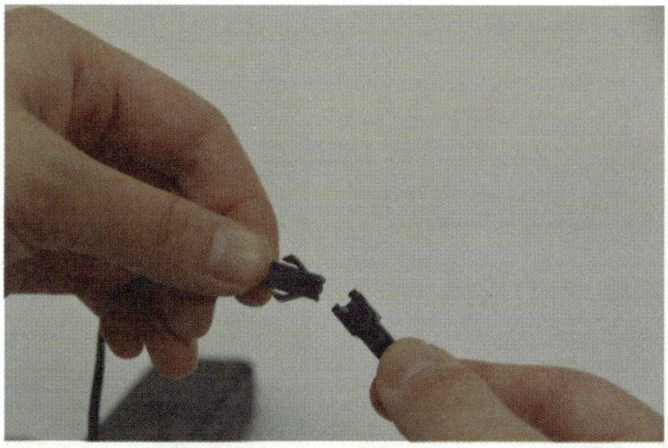

■ 图 11　电源连接方法

**Step 7** 下面一步就是最重要的凹造型了（见图 12），请尽情发挥想象力，将冷光线粘贴固定在你想要的位置吧！

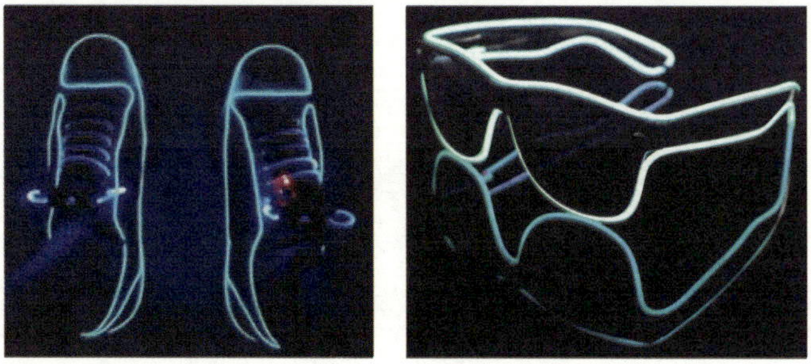

■ 图 12　冷光线制作成品

**Step 8** 摆动水银开关控制盒，由于重力，水银液滴会使电路导通，这样冷光线就能听从你的控制来发光了。

当然，你可以发挥自己无限的想象，制作出更多有趣的图案，快比比谁做得更炫酷！

## 创意 expanding

### 冷光线为什么能发光？

冷光线是一种新型的平板冷光源。其原理是发光材料中的电子在电场作用下碰撞发光中心，出现电离并发生能级跃迁而导致发光。场致发光片是将发光粉（荧光粉）置于两个平板电极之间而构成的，当交流电压加在两个电极上时，电场使得发光片急速地充放电，从而在每一个充放电循环中发光。

学到了这么多，试试把冷光线织在衣服上，排一场黑夜中的“光话剧”，跳一场“光舞蹈”怎么样（见图 13）？

图 13　冷光线舞蹈

# 07 我是工程兵——排雷大作战

## ——制作坐标雷区与地雷探测器

二战中我们常常看到作战双方会在关键路段设置地雷，以阻止敌人部队通过。为了通过这片开阔地，我们需要在前方路段中扫清地雷位置，并记录下坐标。我们从安置在敌方的间谍那里获得了地雷的坐标数据，还等什么，赶紧扫清埋在前方路段的地雷，让大部队顺利通过吧！战友的人身安全全在你的手中了！

**学习目标：** 认识蜂鸣器和简单串联电路；学习简单的数学坐标原理

**材料清单：** 纽扣电池 ×1、干簧管 ×1、蜂鸣器 ×1、环形磁铁 ×4、塑料铆钉 ×8、螺丝 ×4、羊角螺母 ×4、导电铜丝 ×3、拼接木板套材 ×1（见图 1）

**所需工具：** 电烙铁、焊锡丝、十字螺丝刀

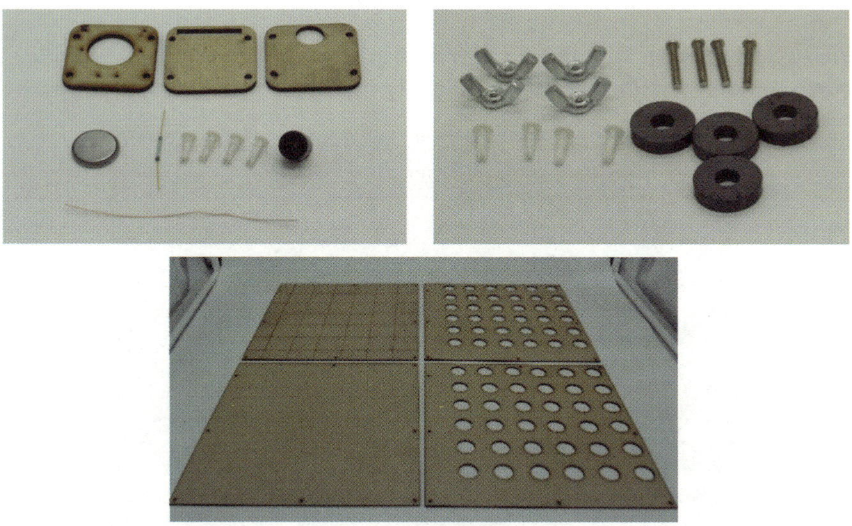

■ 图 1　制作所需材料

## 知识 learning

### 坐标系

生活中，我们经常需要表征某一物体所在的具体位置，如地铁天安门西站 B 出口位于西长安街与南长街交叉口，这是用两条街道的交叉点来标注一个具体位置。在数学上，要准确表示一个点的位置，就需要用到平面直角坐标系，如图 2 所示。图 2 中，纵向的是 Y 轴，横向的是 X 轴。在 X、Y 轴上都有相应的“刻度”，

在这里我们管它们叫作坐标。坐标系中一个点的坐标位置如图 2 红点所示，我们看红点对应的 X 轴坐标为 3，Y 轴坐标为 2，所以我们定义红点的坐标为（3，2）。

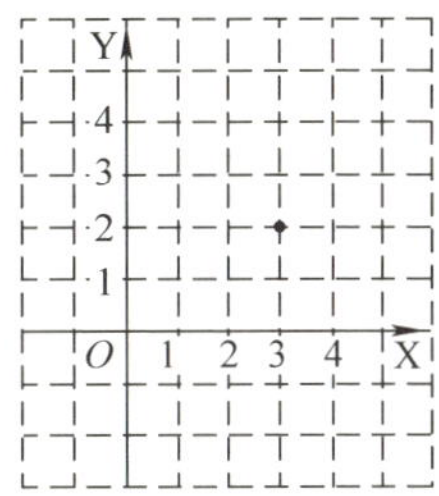

■ 图 2　平面直角坐标系示意图

在我们生活中，很多地方都会用到坐标，小到地图上，某个地点的具体位置可以在地图上用坐标体现出来；大到卫星定位，我们都知道世界地图上面会标有经纬度，这个经度纬度就相当于我们刚才说到的横纵坐标（X，Y），这个经纬度会反馈在世界地图或者我们的 GPS 导航上。举个例子，比如某个地点有架飞机降落，卫星会把坐标位置反馈给想要获取这个信息的人或者有关部门。在战争中，坐标更是起着举足轻重的作用。我们看战争片中，迫击炮和大炮的发射定位以及轰炸机投弹都需要结合地形与坐标来发射。

## 技能 getting

地雷探测器的电路连接如图 3 和图 4 所示。

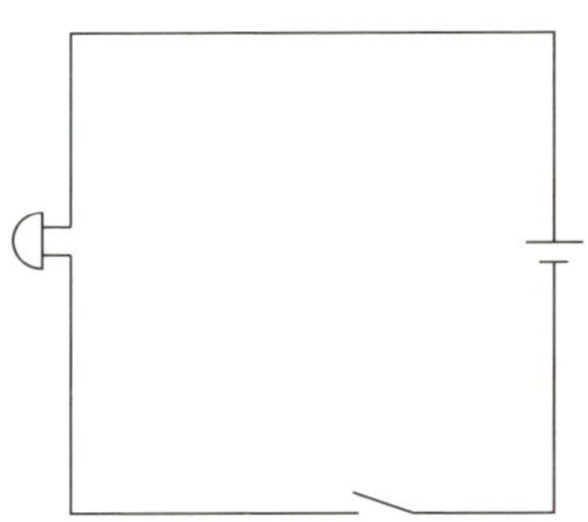
■ 图 3　地雷探测器电路图

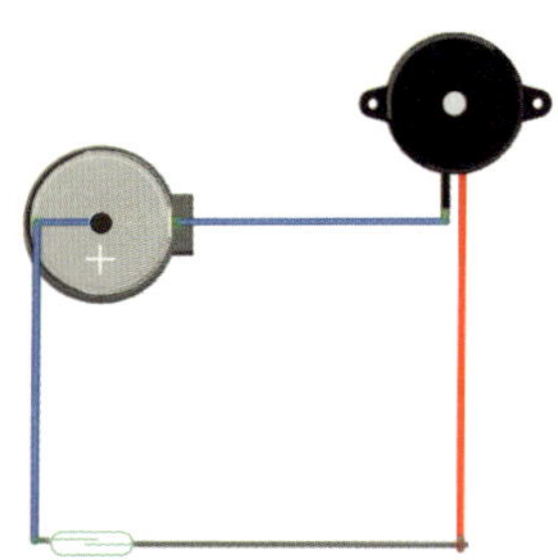
■ 图 4　地雷探测器器件连接图

蜂鸣器是一种一体化结构的电子讯响器，采用直流电压供电，广泛应用于计算机、打印机、复印机、报警器、电子玩具、汽车电子设备、电话机、定时器等电子产品中作为发声器件。蜂鸣器是一种能将音频信号转化为声音信号的发音器件，在家用电器上，在银行、公安的报警系统中，在电子玩具、游戏机中都得到普遍应用。蜂鸣器主要用于提示或报警，根据设计和用途的不同，能发出音乐声、汽笛声、蜂鸣声、警报声、电铃声等各种不同的声音。常见蜂鸣器如图 5 所示。

■ 图 5　蜂鸣器实物图

## 动手 DIY

### 1. 制作排雷器

**Step 1** 将干簧管插入木板的两孔中，如图 6 所示。注意，干簧管引脚弯折中需要用手指握住金属管脚折弯处，紧邻两侧位置，避免将干簧管折损。

■ 图 6　干簧管安装图

**Step 2** 将木板翻过来，将蜂鸣器插入板上方的小孔内，如图 7 所示。

■ 图 7　蜂鸣器安装示意图

**Step 3** 将铜丝导线焊接在干簧管的两侧，左侧铜丝插入中间小孔，右侧铜丝弯成螺旋状，作为电池的一极，如图 8 所示。

■ 图 8　导线连接及焊接方法

**Step 4** 将木板再翻到干簧管一侧，将刚插入的铜丝焊接在蜂鸣器引脚的一端，如图 9 所示。

■ 图 9　蜂鸣器焊接示意图

**Step 5** 拿出一段铜导线，弯成螺旋的形状，焊接在蜂鸣器的另一端，如图 10 所示。

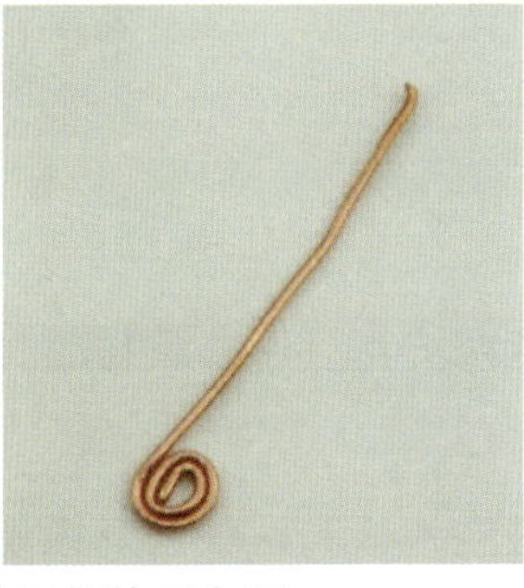

■ 图 10　蜂鸣器和电源一极连接及焊接示意图

Step 6 按照图 11 所示方法，在木板中间放入纽扣电池，正极在蜂鸣器一侧，负极在干簧管一侧（注意电池的正负极方向，不能弄错）。

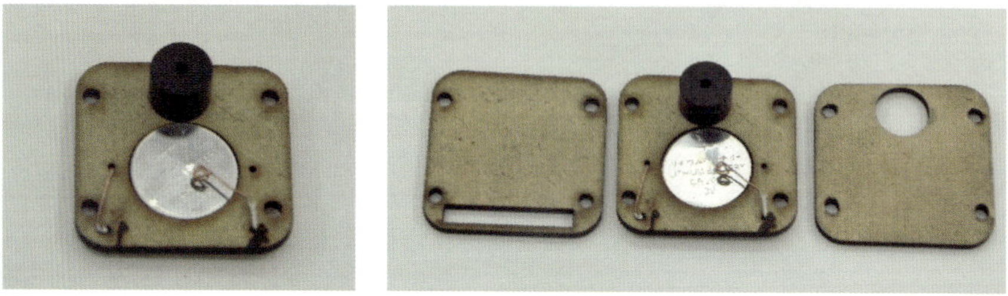

■ 图 11　电池安装方法

Step 7 将以下 3 块小木板由下到上依次放在一起，4 个角用塑料铆钉固定，安装过程如图 12 所示。固定好后状态如图 13 所示。

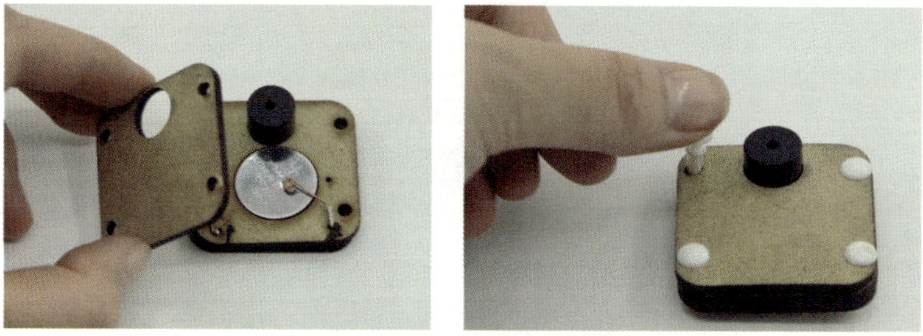

■ 图 12　排雷器组装过程

■ 图 13　排雷器成品图

## 2. 安装底盘

Step 8 将空木板和两块洞洞板重叠放置，在反面用塑料铆钉在 4 条边的中点位置固定住，如图 14 所示，正面在洞洞的任意位置放上磁铁，记下磁铁的坐标点，为防止磁铁掉落，将有格子的木板放在最上面。

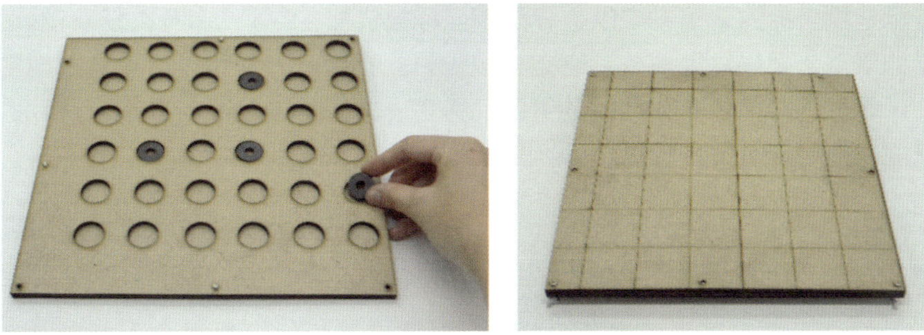

■ 图 14　底板叠放顺序及磁铁安装方法

Step 9 4 个角用螺丝和羊角螺母固定住，组成雷盘，完成后如图 15 所示。

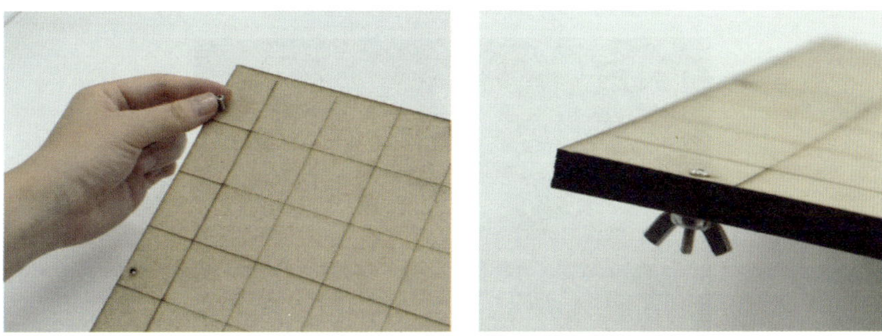

■ 图 15　底板螺丝固定方法

Step 10 最后将“雷区”倒过来，如图 16 所示，用白色塑料铆钉固定好就大功告成啦！

■ 图 16　底板固定好实物图

现在，我们可以用制作完成的排雷器与雷区底盘来玩排雷游戏了。布置雷区的同学需要想好一种布置地雷的策略（确定地雷所处位置的纵坐标与横坐标的关系，如纵坐标是横坐标的 2 倍或者纵坐标是横坐标数值加 +2 等，你可以任意设计），按照制定的策略，把磁铁地雷放到指定坐标位置。排雷一方使用排雷器寻找地雷的位置，并记录位置，猜测布置地雷的策略。排雷一方猜出的策略与布雷方一致的，排雷方获胜，猜错则布雷方获胜。

## 创意 expanding

同学们今天学习了平面直角坐标系，其实在坐标的世界里，还有空间直角坐标系，也就是我们经常提到的三维坐标系。如图 17 所示的光立方，许多 led 灯按照规律均匀排布在这个光立方中，它们每个都有属于自己的空间坐标，为的是什么呢？就是为了方便给这个控制光立方的控制板编程时能够准确地控制每一个 led 灯。就像我们军队队伍里，每个士兵都有他的部队番号和他的士兵号。

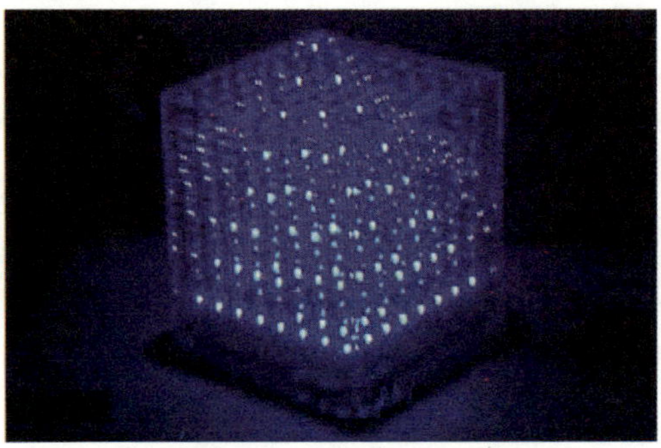

■ 图 17　坐标应用之光立方

关于利用学习的坐标知识，同学们还能想出什么有意思的创意呢？

# 08 说给爸爸妈妈的悄悄话——录音贺卡

或许你有很多的感激肺腑之言想对早出晚归的妈妈说；或许你有一些话想跟即将毕业的小伙伴说；再或者你想对某些人表达歉意又不敢去当面道歉；没有关系，我们可以通过一封能够录音放音的电子贺卡来解决这些问题！

**学习目标：**认识简单的电子元器件，如小喇叭、麦克风、电子芯片等

**材料清单：**麦克风 ×1、小开关 ×2、贺卡芯片 ×1、小喇叭 ×1、导线 ×10、贺卡纸 ×1、纽扣电池盒 ×1、纽扣电池 ×1（见图 1）

**所需工具：**电烙铁、焊锡丝

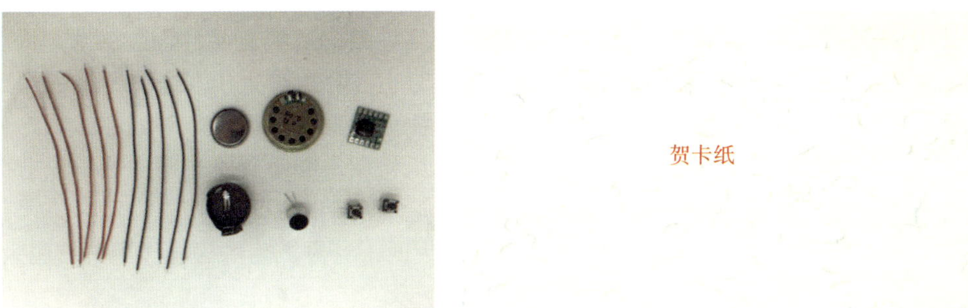


■ 图 1　所需材料清单

## 知识 learning

### 麦克风与扬声器（喇叭）

声音是种奇妙的东西，我们听到的各种不同声音，都是由周围空气的微小振动（压差）产生的。奇妙之处在于，空气能将这些压差如此完好、如此真实地传输相当长的距离。

麦克风和扬声器（喇叭）是声音传输的两个终端，麦克风是输入，扬声器是输出。当舞台上歌手唱歌时，歌手唱出的歌声，通过麦克风把声音吸入，再用扬声器把声音放出去，观众就可以听到洪亮的歌声了。

麦克风是将声音信号转换为电信号的能量转换器件，其内部结构及实物如图 2 所示。麦克风在工作的时候，外界的声音经过空气振动了麦克风内部的振膜（一种薄膜，可以随着空气发生振动），振膜会带动线圈，在磁铁磁场作用下，形成变

化的电流。变化的电流信号可以在声音处理设备中进行传输、放大，最后送到扬声器。麦克风模块如图 3 所示。

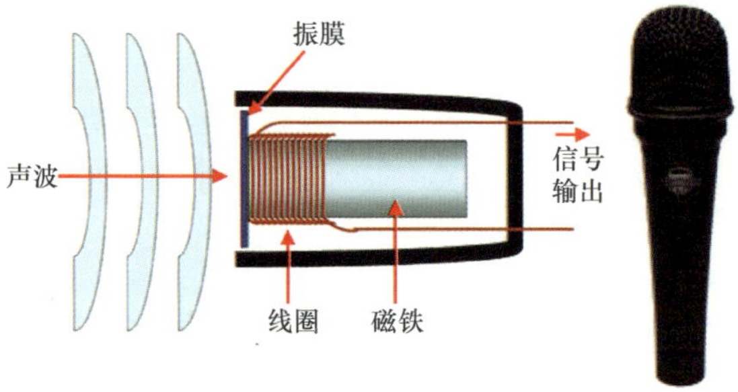


■ 图 2　麦克风内部结构图及实物图

■ 图 3　麦克风模块图（咪头）

扬声器的工作原理

扬声器也称喇叭，是发声装置，它包括金属线圈构成的音圈、永久磁铁、振动膜支架等，内部结构如图 4 所示。永久磁铁同时也在产生着大小和方向不变的恒定磁场；当音圈上通过音频电流（声音在电路里的表现形式）后，就可以在线圈产生随着音频电流变化的磁场，这两个磁场相互作用将使音圈垂直于音圈中的电流方向发生运动。由于音圈与振动膜相连，因此音圈运动会带动振动膜产生振动，进而带动空气振动，产生声音。当输入音圈的电流越大时，音圈产生的磁场作用力就越大，振动越剧烈，声音则越响。扬声器实物如图 5 所示。

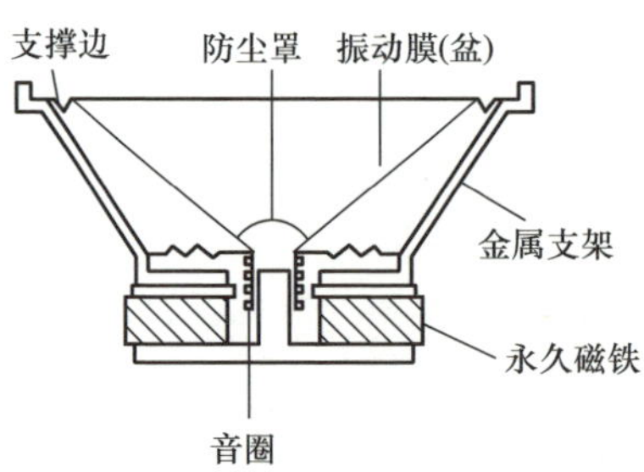


■ 图 4　扬声器的内部结构图

■ 图 5　扬声器实物图

## 技能 getting

电子贺卡的电路连接如图 6 所示。

■ 图 6 电子贺卡电路连接图

注意，为了使电子贺卡电路更加轻便，我们把两节五号电池更换成一个纽扣电池。图 6 中绿色的为贺卡音乐芯片。在芯片左下端接的是微型麦克风，录音时我们要冲着它把想说的话录下来。芯片右下端为播放录音的扬声器。图中可以看到芯片上边和右边有两个小方块按钮，这两个是控制录音和放音的开关。

## 动手 DIY

**Step 1** 如图 7 所示，将喇叭、四角开关、麦克风以及纽扣电池盒的引脚上分别焊上不同颜色的导线，注意四角开关上选择任意两个邻角焊上导线即可。

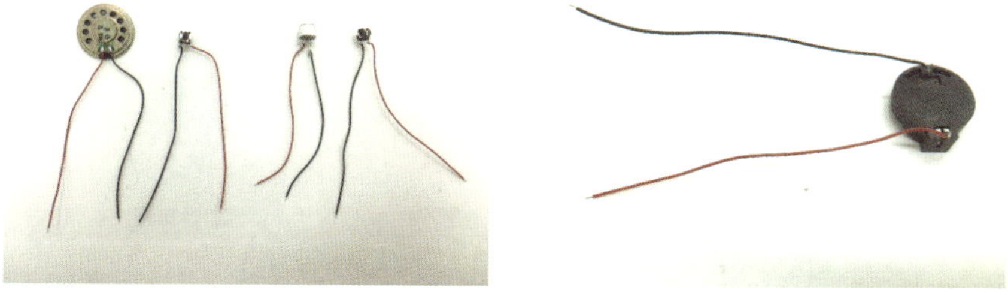

■ 图 7 焊接电源

**Step 2** 如图 8 所示，将麦克风焊在芯片的左下角。在芯片左下角焊完麦克风后，如图 9 所示，我们在芯片右下角焊上扬声器。注意，这里我们用到的麦克风、扬声器以及开关都不分正负极，任意引脚焊接红色或黑色导线均可。

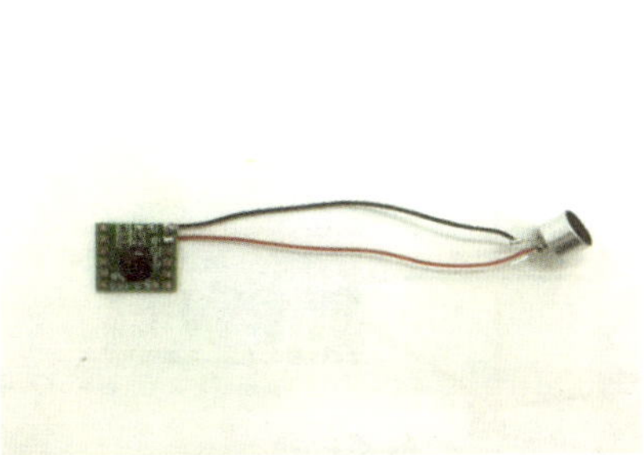

■ 图 8　焊接麦克风

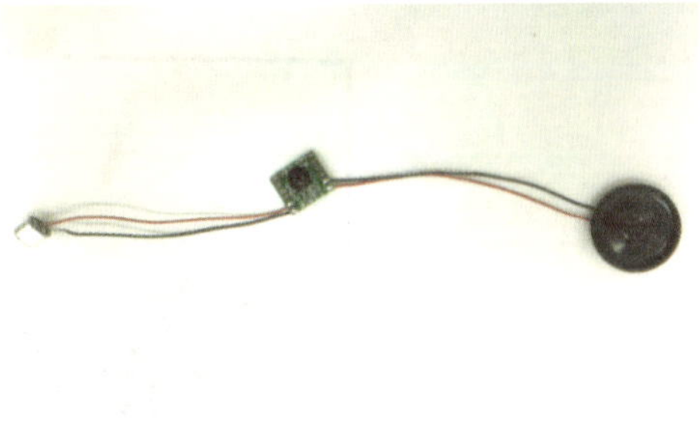

■ 图 9　麦克风和电源焊接完成图

**Step 3**

如图 10 所示，在焊接完扬声器后，我们在芯片右边两个孔上焊接一个之前焊好线的开关。如图 11 所示，在芯片左上角焊上一个开关的一端，注意不要焊错芯片孔，另一端导线留出来，后面还会用它来连接纽扣电池盒。

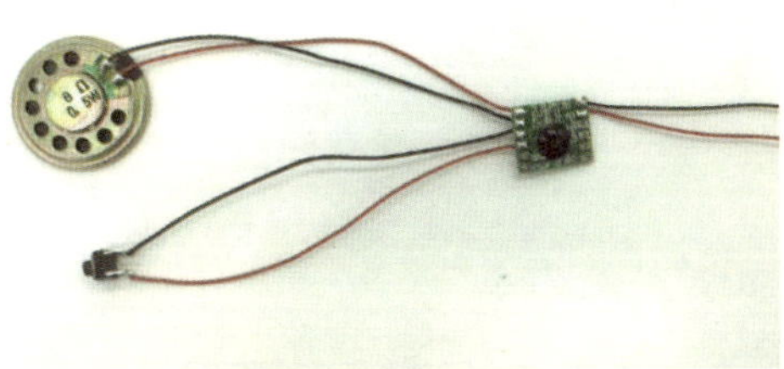

■ 图 10　焊接扬声器

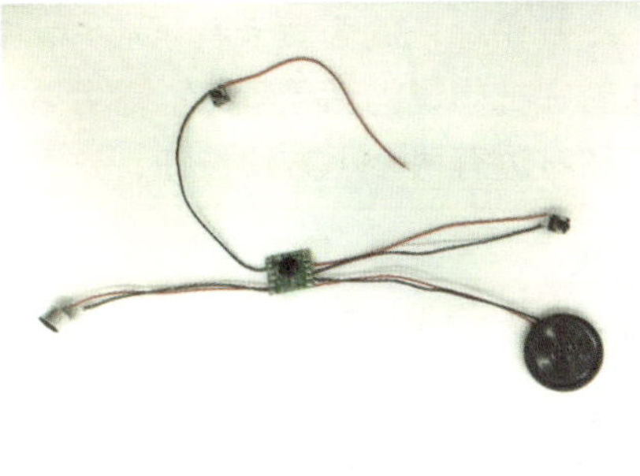

■ 图 11　焊接开关的一端

**Step 4**

如图 12 所示，将纽扣电池盒上连接弹片的导线一端焊接在芯片右上角，另外一端导线焊接在芯片右侧开关靠上的那根导线上，同时上边开关空余的那根导线也焊接在正极一端（非连接芯片一端）。

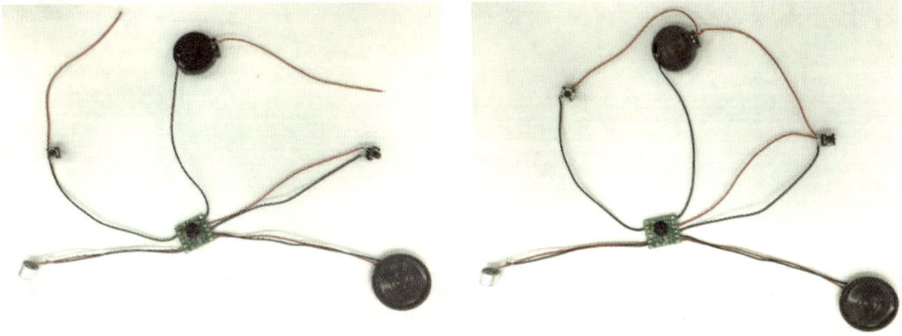

■ 图 12　焊接完成示意图

Step 5

我们将电子贺卡焊接好的部件用透明胶带粘在贺卡纸上面，如图 13 所示，同学们可以自己设计贺卡纸，记住，要设计出按钮位置、扬声器位置、麦克风位置，图 14 所示为同学们自己设计的样例。

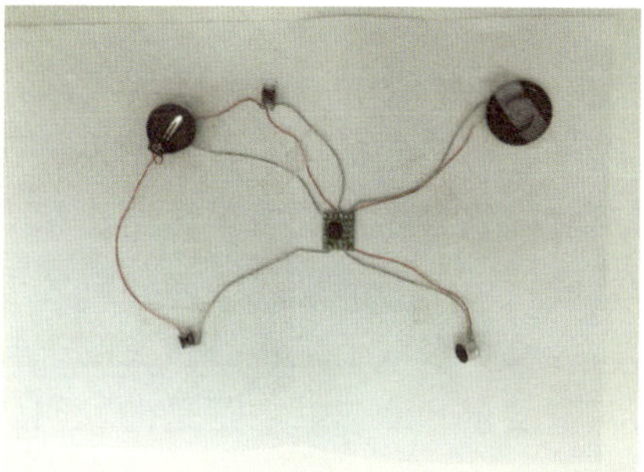

图 13 粘贴电子部件

图 14 电子贺卡设计样例 1

Step 6

我们还可以提前买来硬一点的贺卡纸，如图 15 和图 16 所示，把之前焊接好的电子贺卡零件包装在贺卡中，只留出小麦克风，方便录音。同时在贺卡的外面留出录音和放音按钮的位置。

图 15 电子贺卡设计样例 2

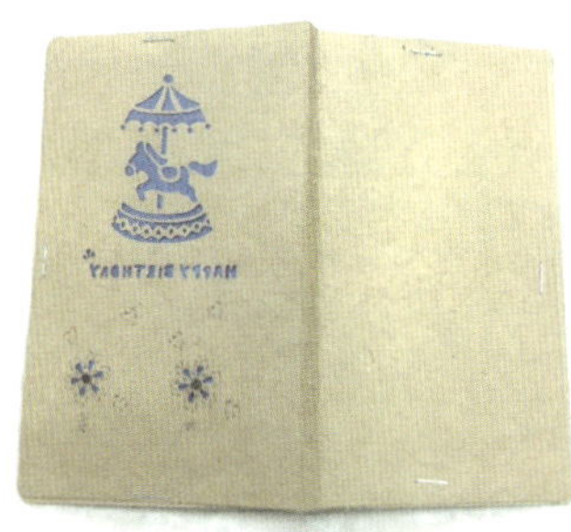

图 16 电子贺卡设计样例 3

在电子贺卡的基础上，我们可以延伸出各种各样的科学创新。图 17 所示的电子显示屏可以记录我们的笔迹，留言板下面的钟表底座藏有录音设备，这样，使用者可以在留言板上留下简单的留言或者使用音频，留下较长的录音留言。

同学们可以发挥自己无穷的想象，设计出更多有趣的小生活用品来造福大家！

图 17 电子显示屏实物图

# 09 我的秘密你来猜——玩转摩尔斯码呼救器

早在 170 年前，有个叫塞缪尔的美国画家在一次乘船中，因为遇到风暴，他发现船上的很多人都晕船呕吐，他也不例外。出于好奇，他就问船长，如果遇到风浪，船员需要求救的时候有什么办法。船长无奈地说只有靠漂流瓶。这显然和听天由命没什么区别，因为早在哥伦布发现新大陆之前，哥伦布遇到风浪向西班牙王室求救时就用过此类方法，对方很难收到漂流瓶。这位画家就下定决心要发明一样东西来解决这类问题。这个叫塞缪尔的画家全名叫塞缪尔·摩尔斯。正是他发明了电报，电报的通信语言就是我们今天要学习的摩尔斯码。

**学习目标：**理解并学会发出摩尔斯码

**器材准备：**控制盒 ×1、摩尔斯码灯 ×1、计算机（安装有创翼星图形编程软件）×1、下载线 ×1；图 1 所示为控制盒和摩尔斯码灯

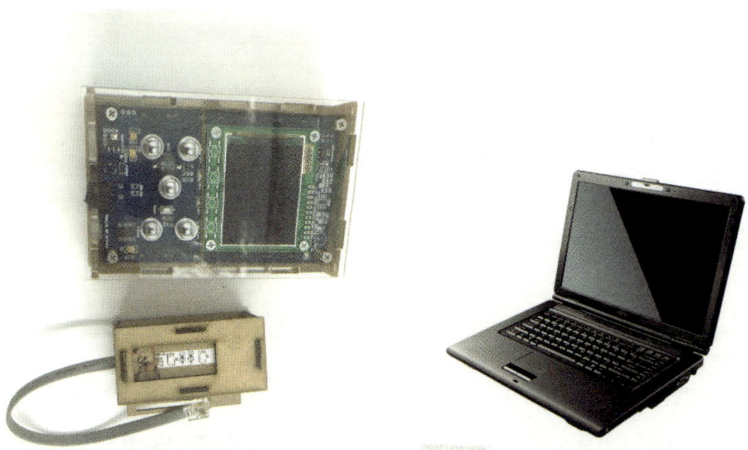

■ 图 1　所用设备及材料

## 知识 learning

### 摩尔斯码

摩尔斯码（又译为摩斯密码，Morse code）是一种时通时断的信号代码，通过不同的排列顺序来表达不同的英文字母、数字和标点符号。那么摩尔斯码都能应用在什么地方?

摩尔斯码是电报的通信语言，也是国际上通用的求救信号——SOS 所用的语言（见图 2 和图 3）。同时在某些领域，摩尔斯码也可以作为暗号。前段时间恐怖组织抓获了一名日本人质，这个日本人质在临刑前用眨眼的方式传送信息，告诉本国人不要来这里。这眨眼的方式正是用了摩尔斯码。

摩尔斯码是电报的通信语言，它是在遇难时求救的重要手段，那么摩尔斯码是什么样子的?

摩尔斯码是用 ·（点，读为“滴”）、—（划，读为“答”）、停顿组成的代码。图 4 所示为摩尔斯码表，我们可以通过查表用摩尔斯码来表达信息。

■ 图 2　摩尔斯码电报

■ 图 3　摩尔斯码求救

| 字母 | 电码 | 字母 | 电码 | 字母 | 电码 | 字母 | 电码 |
|---|---|---|---|---|---|---|---|
| A | ·— | B | —··· | C | —·—· | D | —·· |
| E | · | F | ··—· | G | ——· | H | ···· |
| I | ·· | J | ·——— | K | —·— | L | ·—·· |
| M | —— | N | —· | O | ——— | P | ·——· |
| Q | ——·— | R | ·—· | S | ··· | T | — |
| U | ··— | V | ···— | W | ·—— | X | —··— |
| Y | —·—— | Z | ——·· | | | | |

| 数字 | 电码 | | 数字 | 电码 | |
|---|---|---|---|---|---|
| 1 | ·———— | | 6 | —···· | |
| 2 | ··——— | | 7 | ——··· | |
| 3 | ···—— | | 8 | ———·· | |
| 4 | ····— | | 9 | ————· | |
| 5 | ····· | | 0 | ————— | |

■ 图 4　摩尔斯码表

例如：Paul 的摩尔斯码是 ·——·　·—　··—　·—··
P　A　U　L

练习一下，同学们请用摩尔斯码写出你的英文名字。

| 英文名字 | 对应摩尔斯码 |
|---|---|
| | |

摩尔斯码表示方式

（1）声音：

短音为“滴”·

长音为“答”—

（2）光

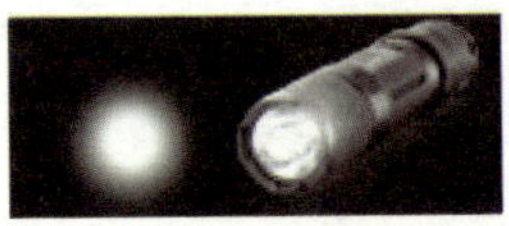

短亮为“滴”·

长亮为“答”—

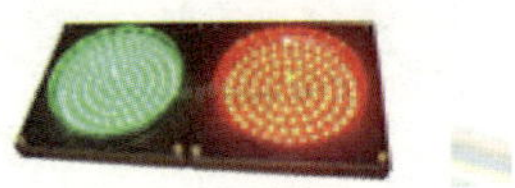

红色为“滴”·

绿色为“答”—

还有我们刚才说的在行刑视频中视死如归的人质用眨眼的方式向国人传递信息同样也是摩尔斯码的一种表达方式。

## 动手 DIY

### 编程制作摩尔斯码求救器

摩尔斯码求救器的工作过程如图 5 所示。摩尔斯码灯连接好控制盒后，打开控制盒，按下按键 1，红灯亮；按下按键 2，绿灯亮，这种状态可以一直循环工作下去。这一工作过程可以用图 5 所示流程图（程序运行过程）来表示。

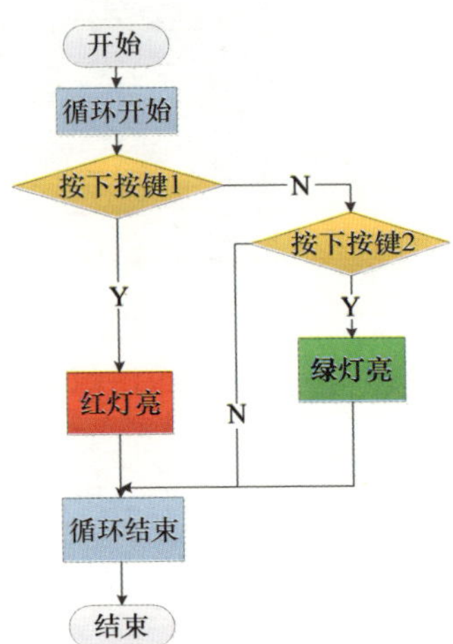


■ 图 5　摩尔斯码求救器程序流程图

## 1. 编程过程

### Step 1 打开编程软件

在桌面找到图形化编程软件图标，如图 6 所示。鼠标左键双击该图标，进入编程界面，如图 7 所示。

■ 图 6　桌面上的编程软件图标

■ 图 7　图形化编程软件开启界面

### Step 2 新建程序文件

在步骤 1 打开的编程界面中，用鼠标左键单击窗口左上角的“文件”，在弹出菜单中选择“新建”，即可新建图 9 所示的图形化程序窗口，操作过程如图 8 左图所示。新建文件也可以直接用鼠标单击图 8 右图中红色圆圈的快捷图标完成。

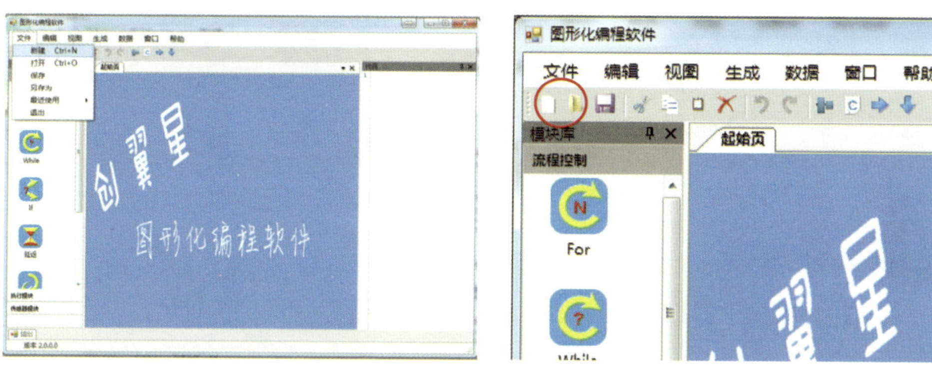


■ 图 8　新建文件的两种方法

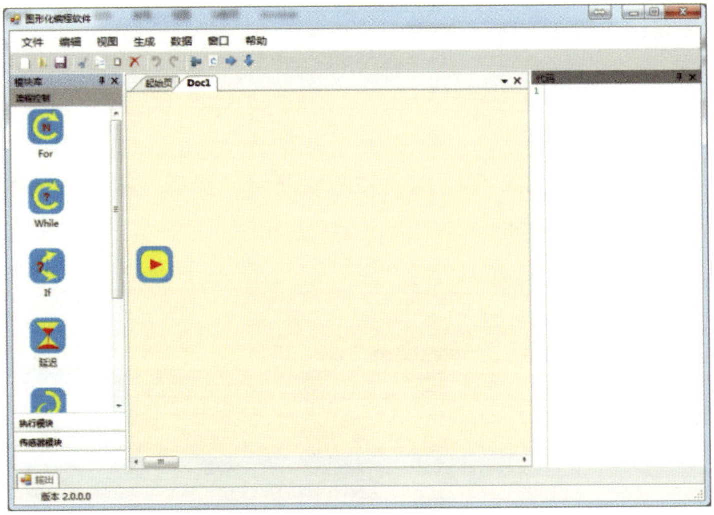


■ 图 9　新建的图形化编程文件界面

## Step 3 设置循环

如图 10 所示，从流程控制模块中拖拽 While 到绘图区；鼠标拖动 while 向 main 后方移动，当 main 右边出现小圆圈时，松开鼠标，连线成功。

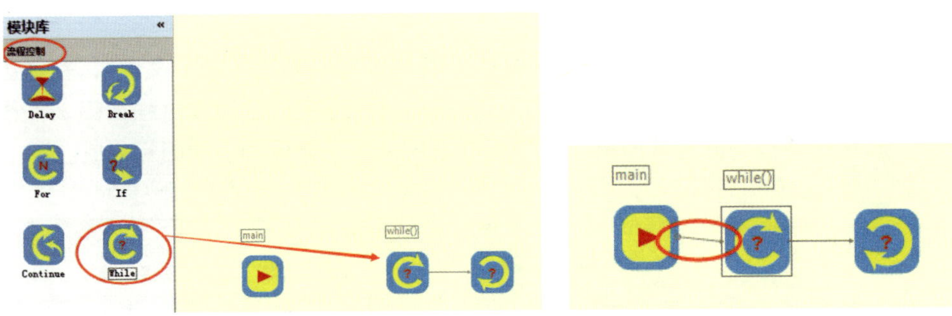


■ 图 10　设置循环方法

## Step 4 插入按键

拖拽执行模块中的控制盒按键至绘图区并连线，如图 11 所示。

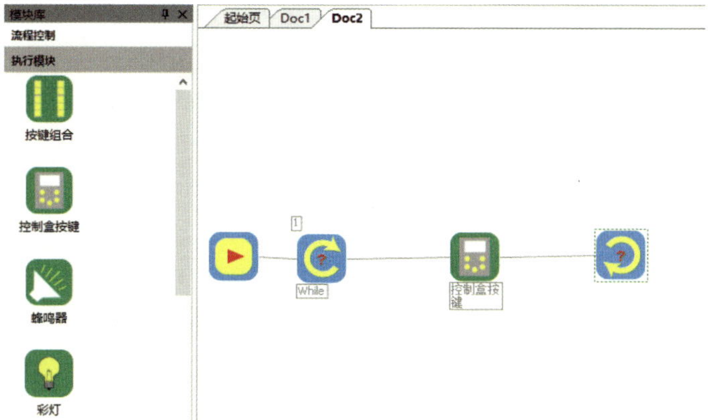


■ 图 11 加入按键模块示意图

如图 12 所示，鼠标左键双击控制盒按键模块，弹出属性框；选择存储变量中的定义变量，定义 char 型变量 var1，单击确认。

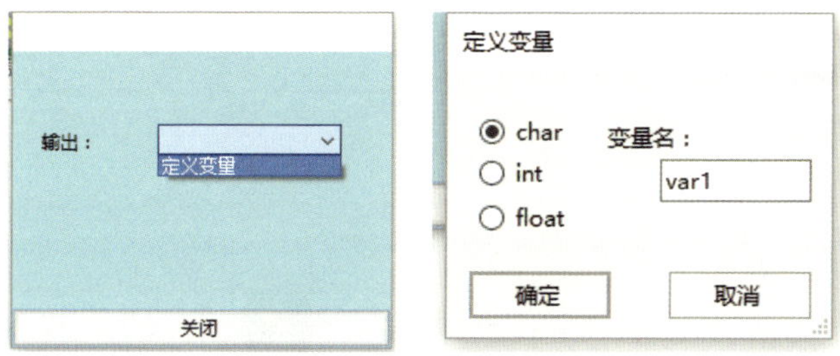


■ 图 12 按键设置示意图

## Step 5 判断是哪一个按键被按下

如图 13 所示，从流程控制模块中拖拽 If 到绘图区，连接在控制盒按键后。

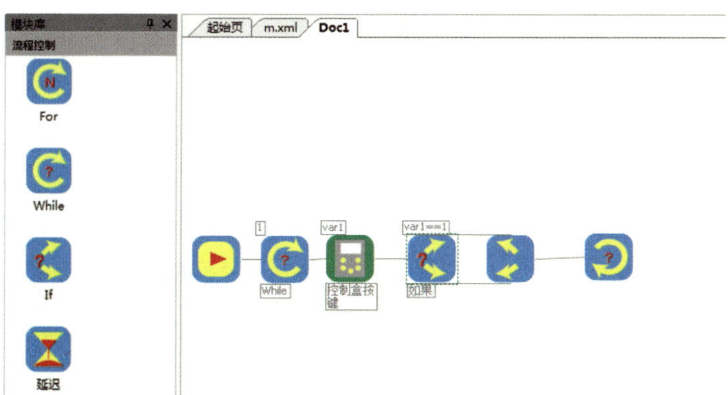


■ 图 13 判断模块加入方法

如图 14 所示，鼠标左键双击 If 模块，弹出属性框；设置 If 判断条件为 var1 = = 1。

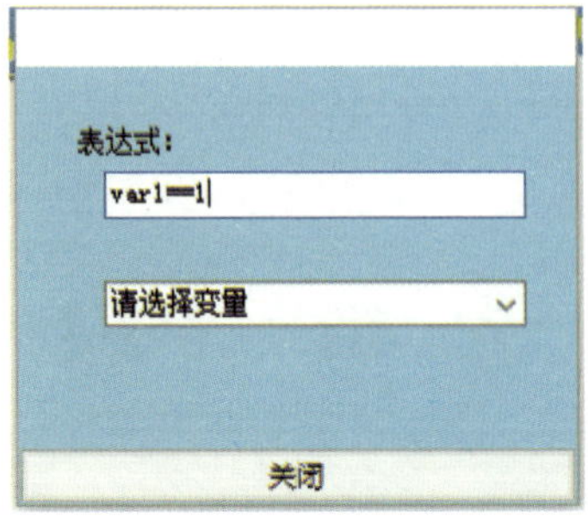


■ 图 14　判断模块属性输入方法

## Step 6 设置彩灯

拖拽彩灯闪烁模块到如图 15 所示位置。

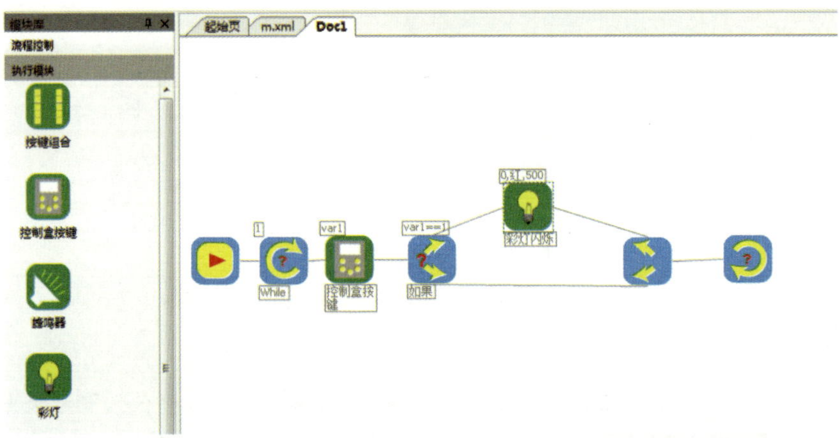


■ 图 15　彩灯模块插入方法

鼠标左键双击，弹出属性框；如图 16 所示设置端口为 0，颜色为红，设置延迟时间为 500。

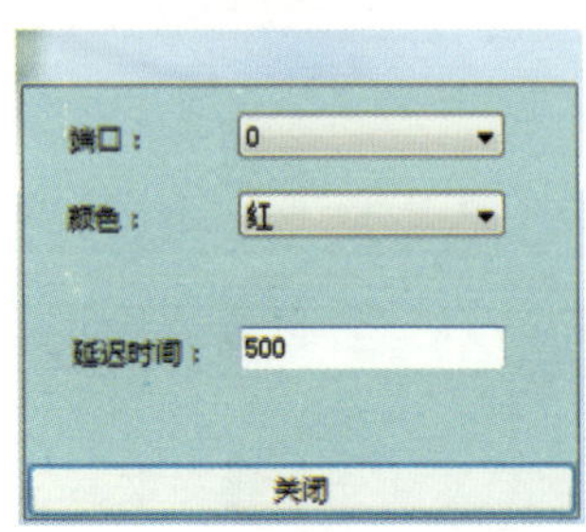


■ 图 16　彩灯模块设置方法

## Step 7 对不同的按键分别操作

用同样的操作方法，在 If 模块后插入新的 If 模块；同步骤 5，设置新 If 模块的判断条件为 var1 = = 3；

重复步骤 6 的操作，设置彩灯闪烁模块属性参数为绿，端口为 0，延迟时间为 500，完成编程。

## 2. 编程结果

按照上述步骤，得到的图形化编程结果如图 17 所示。

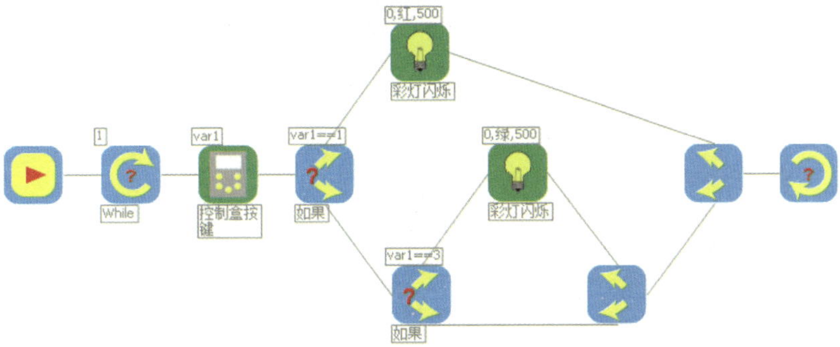


■ 图 17　编程最终结果样例

至此，我们的摩尔斯码发射机就算是大功告成了。下面，同学们就可以来开展“谍战大戏了”。“敌我双方”可以通过获取“谍报员”发出的摩尔斯码信息获取或拦截信息。看一看到底是接收方获取信息快，还是“小间谍”拦截信息快！

## 3. 效果展示

编程后结果如图 18 所示。

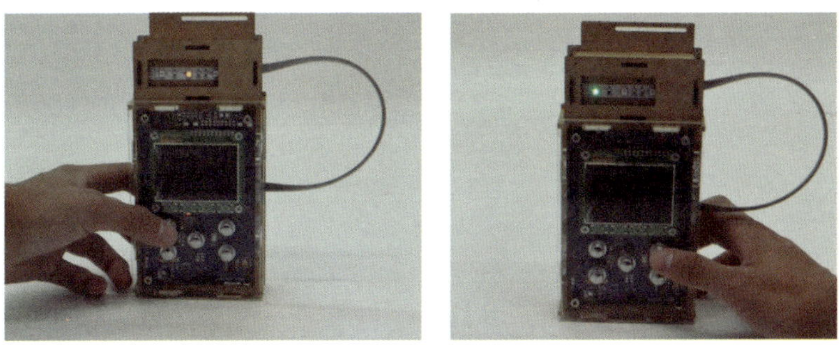

■ 图 18　编程后结果展示

## 创意 expanding

学习了摩尔斯码求救器的程序设计，也掌握了用摩尔斯码求救的方法，下面同学们可以尝试用自己编程实现的摩尔斯码发射器发送一组连续的摩尔斯码求救信号，按下一个按键以后，求救器可以重复不断地发出 SOS 信号。

同学们也可以用摩尔斯码发出间谍信息的暗号，像电影《听风者》中的主人公一样，让队友成功猎杀对方的间谍（见图 19）。

■ 图 19　电影《听风者》中传递暗号情景

# 10 足球场上的鏖战——智能足球机器人

2016 年里约奥运会，男足决赛在东道主巴西队和有“战车”之称的德国队之间展开。经过 120 分钟的激烈拼杀，双方 1∶1 战平，随后双方展开了点球大战，最后巴西队以 6∶5 的总比分险胜德国队，获得了奥运会男足冠军。在这场比赛中，最让人热血沸腾也最残酷的时刻莫过于最后的点球大战了。点球大战是足球比赛双方经过上下半场共计 90 分钟外加全场 30 分钟加时赛的激战后，仍未决出胜负的情况下，采取互射点球的方式来一决胜负。

**学习目标：**熟悉超声波传感器和舵机的工作原理；学习顺序逻辑程序结构；动手制作和编程实现一个可以感应裁判员手势、进行射门动作的足球机器人

**材料清单：**控制器 ×1、超声波传感器 ×1、转接线缆 ×2、舵机 ×1、拼接木板套材 ×1 套（见图 1）

**所需工具：**螺丝刀、电脑、图形化编程软件等

■ 图 1　制作所需材料

## 知识 learning

### 传感器

（1）触控传感器（微动开关）

微动开关是一种具有微小接点间隔和快动机构，用规定的行程和规定的力度进行开关动作的接点机构，用外壳覆盖，其外部有驱动杆，因为其开关的触点间距比较小，故名微动开关，又叫灵敏开关。

微动开关的工作原理：外部机械力通过传动元件（按销、按钮、杠杆、滚轮等）将力作用于动作簧片上，当动作簧片位移到临界点时产生瞬时动作，使动作簧片末

端的动触点与定触点快速接通或断开。后面讲到守门员的时候会给同学们讲解微动开关的作用。微动开关外观如图 2 所示。

■ 图 2　微动开关实物图

微动开关的用途：电脑鼠标、微波炉、电饭锅、浮球设备等。

（2）超声波传感器

超声波传感器是利用超声波的特性进行探测的传感器。超声波是一种振动频率高于声波的机械波，具有方向性良好，能够成为射线而定向传播的特点。目前广泛应用在工业、国防、生物医学等方面。

在机器人点球大战中，这个小巧的超声波传感器就起到了射门球员眼睛的作用。我们都知道，在足球运动中，只有裁判发令，主罚点球的球员才能射门。那么这双“大眼睛”（见图 3）一旦接到射门指令，就会告诉“球员”的“大脑”赶紧射门。

■ 图 3　超声波传感器实物图

“点球”这个足球用语对于喜爱足球的同学们来说必然不会陌生，可是同学们知道吗，在实际足球比赛中，点球的罚球距离只有 11 米（罚球点到球门线的垂直距离）。也就是说，在球速很快的情况下，守门员是来不及在球飞向球门时做出正确反应的，守门员需要很大的幸运因素才能扑到飞过来的足球，那么这就需要他提前预判，这就是为什么同学们会在足球比赛中，看到守门员“滑稽”地扑反了方向。在这堂机器人点球大战课中，我们的守门员也是如此，同样要在射门球员射门的同时做出预判，提前反应扑救。在后面拼装过程中，会给大家一一解释。

## 技能 getting

足球机器人的核心是控制器，如图 4 所示的方形盒体。该控制器包含 10 个与外界连接的端口，包括 4 个电动机或者舵机控制端口、模拟输入端口、数字输入端口等。本次制作的足球机器人需要用到控制盒的一个舵机控制端口和一个模拟信号输入端口，具体连接方式为：

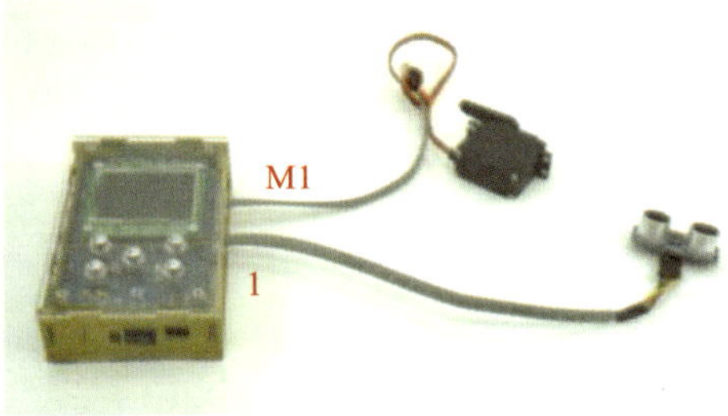


■ 图 4　硬件电路连接图

舵机用来实现机器人一条腿的摆动，进而实现射门动作。舵机连接到控制盒的舵机 1 号端口，如图 4 所示 M1 位置。

超声波传感器用来实现对裁判手势的判决，需要连接至控制盒的 I/O 端口，即与舵机中间间隔一个端口。

■ 图 5　舵机外形图

### 舵机

舵机也可以叫做伺服电动机，通过编程指令，可以控制电动机转动到一个你想要的精确角度。舵机实物外形如图 5 所示。

舵机最初因为用在船舶上控制舵面（实现转向）而得名。其内部包括直流电动机、减速机构和控制电路，可以通过传感器精确获得电动机转动的角度，并加以控制，最终实现精确的电动机转动角度输出。

## 动手 DIY

### Step 1　拼装射门机器人

将机器人主体拼装好，并把超声波传感器插在射门机器人眼睛部位，如图 6 所示。

## Step 2 安装微动开关

在射门机器人左侧胯部安装上微动开关，如图 7 所示。

■ 图 6　安装超声波传感器

■ 图 7　安装微动开关

## Step 3 安装数据线

将射门机器人身上的超声波传感器和微动开关分别插上相应的数据线，如图 8 所示。

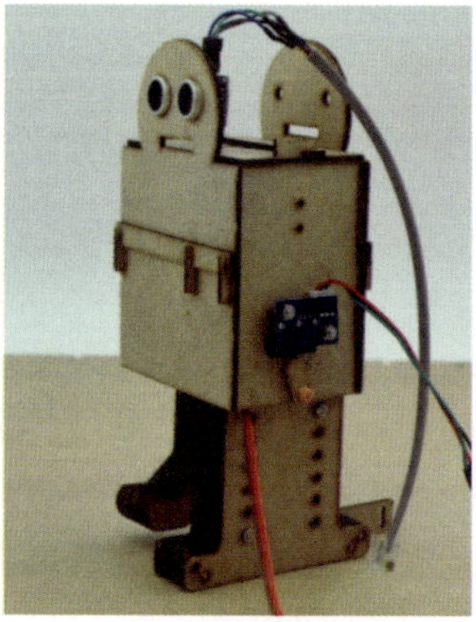

■ 图 8　插好数据线

## Step 4 安装守门机器人

如图 9 和 10 所示，右侧门柱内装有一台小电动机，电动机的头部引出一条滑杆连接守门员与右侧门柱。

■ 图 9 守门机器人 1

■ 图 10 守门机器人 2

同学们应该知道，机器人光有躯体是工作不了的，所以我们要给这两位“运动员”安装上属于他们的大脑，并且要给他们一定的指令。机器人的“大脑”如图 11 所示。

■ 图 11 机器人的“大脑”

图 11 可能只能看个大概，那么机器人是怎样连接控制盒的呢？请看图 12。

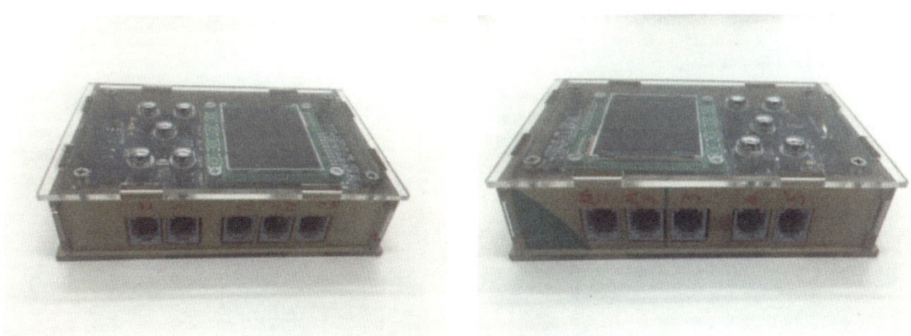

■ 图 12 控制盒侧面图

如图 12 所示，控制盒上面有插孔，我们用带有与之匹配的插头的数据线连接机器人与控制盒，这样就给机器人装上“大脑”啦。现在我们来看一看机器人是如何进行射门和守门的，如图 13 和图 14 所示。

■ 图 13　射门机器人的舵机

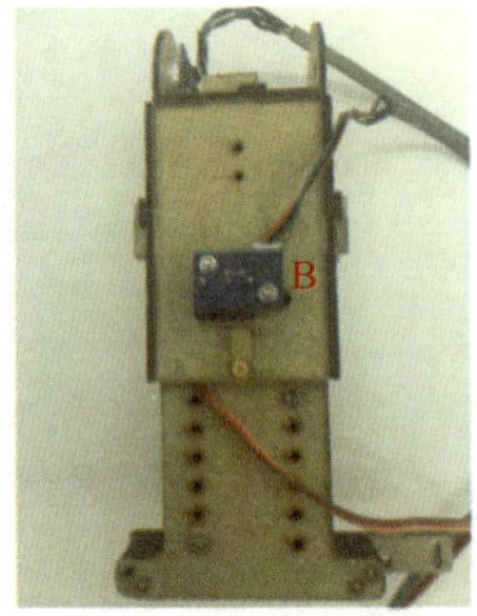


■ 图 14　小木条

射门机器人内部有一台舵机，一旦超声波传感器（射门机器人的大眼睛）收到手势指令（在它眼前晃一下），这个指令就会传给机器人的大脑，大脑再反馈给它的身体，让它射门，从而使舵机转动，机器人射门，进而带动图 14 中标有“B”的小木条旋转，按下微动开关。大家可以看到，微动开关和超声波传感器上面有数据线连接，这个数据线就是连接机器人“大脑”的。不过有所不同的是，微动开关的数据线是连接守门员大脑的。那么我们想，为什么微动开关的数据线要连接守门员的大脑呢？之前在游戏概要里面我们提到过，一旦射门的“运动员”射门，“守门员”就会提前做出预判。只要射门机器人一抬脚，守门员就要提前预判啦！那么我们是给这两个呆呆的机器人赋予了什么样的“魔力”，才能让它们听话地射门和守门呢？下面就要提到我们的编程模块啦。

## 图形化编程

### Step 1 打开编程软件

在桌面找到如图 15 所示的图形化编程软件图标，鼠标左键双击该图标，进入编程界面，如图 16 所示。

■ 图 15　桌面上的编程软件图标

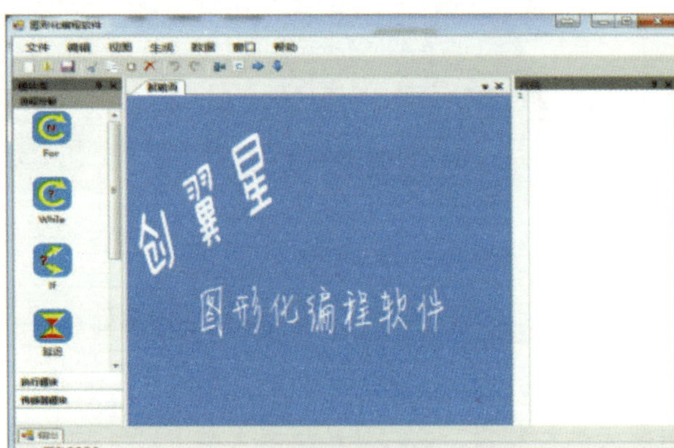


■ 图 16　图形化编程软件开启界面

## Step 2 新建程序文件

在步骤 1 打开的编程界面中，用鼠标左键单击窗口左上角的“文件”，在弹出菜单中选择“新建”，即可新建图 18 所示的图形化程序窗口，操作过程如图 17 左图所示。新建文件也可以直接用鼠标单击图 17 右图中红色圆圈的快捷图标完成。

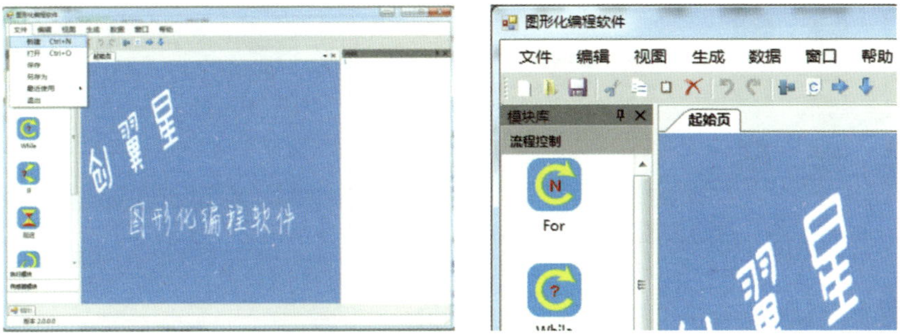


■ 图 17　新建文件的两种方法

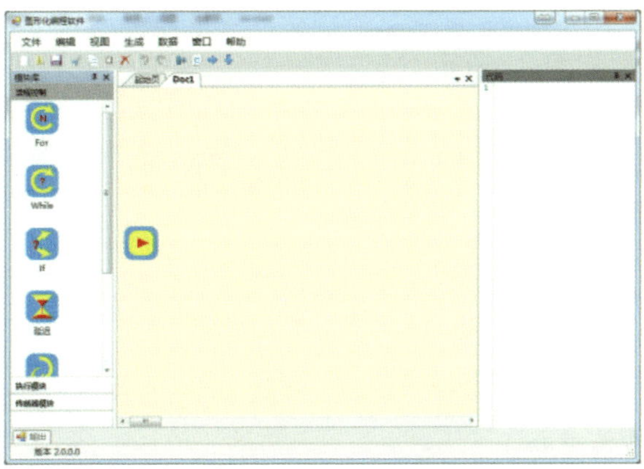

■ 图 18　新建的图形化编程文件界面

## Step 3 机器人起始站位

机器人的踢球动作是靠右腿连接的舵机转动来完成的，舵机 0° 时，机器人右腿踢向正前方，垂直于身体；舵机 90° 时，机器人右腿垂直于地面；舵机 180° 时，机器人右腿摆向正后方。在比赛之前，需要机器人处于直立站位，对应舵机应处于 90° 位置。在程序中则对应加入舵机旋转图标。在编程界面左侧模型库流程控制模块中左键选取“舵机（绝对角度）”图标，拖拽到开始图标右后方，当右侧出现小圆圈时，松开鼠标左键，完成加入和连接，连接后如图 19 所示。

双击 图标，弹出舵机设置窗口，这里我们选择端口 1，舵机旋转到 90°，单击关闭完成设置，设置窗口如图 20 所示。

■ 图 19　起始位置舵机加入示意图

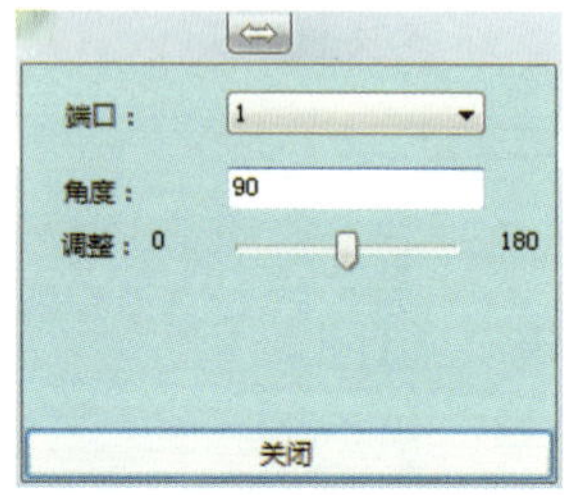


■ 图 20　步骤 3 舵机设置窗口

## Step 4 总循环功能

从模型库流程控制模块中拖拽 While 到绘图区，并将 while 的后半部分图标 向后拖拽，鼠标拖动 while 向 后方移动，当 右边出现小圆圈时，松开鼠标，连线成功，连线过程如图 21 所示。

■ 图 21　总循环加入操作示意图

## Step 5 加入超声波传感器

拖拽传感器模块中的超声波测距图标 至绘图区，并将该图标靠近循环开始图标 后方，直到 图标后出现小圆圈，放开 ，使得该图标连接在循环图标中间，连接后效果如图 22 所示。

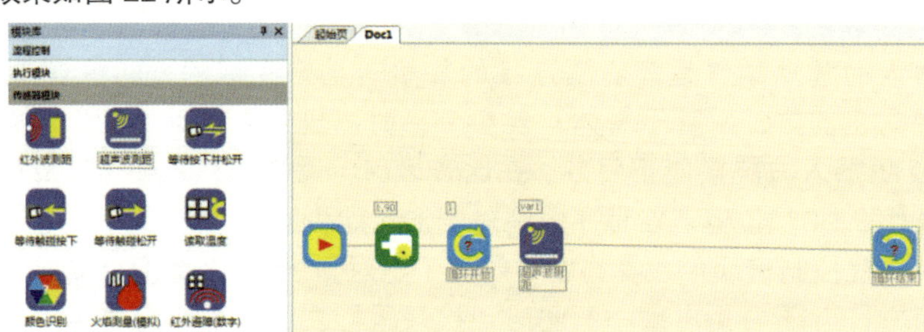

■ 图 22　超声波测距传感器加入操作示意图

双击超声波测距图标，弹出超声波测距模块参数配置窗口，如图 23 所示。这里需要对超声波测距模块输出定义一个变量（代号），选择 char，变量名为 var1。单击确认并关闭退出。

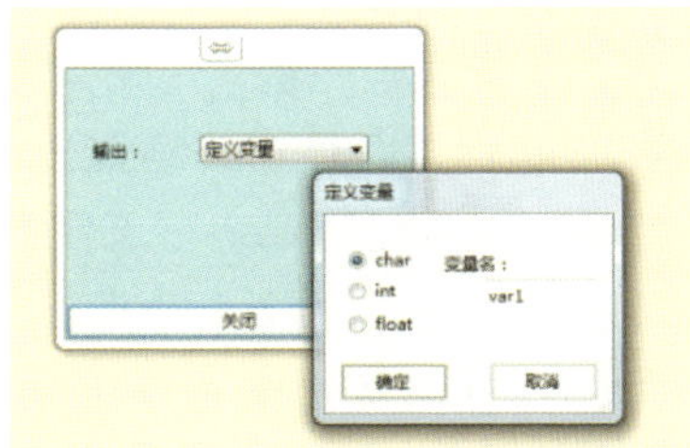


■ 图 23　超声波测距模块参数配置

## Step 6 加入条件判断

从流程控制模块栏中，拖拽条件判断图标 If 到绘图区，并将条件判断图标的后半部分向后拖拽一段距离，为后续图标预留位置，拖拽后效果如图 24 所示。

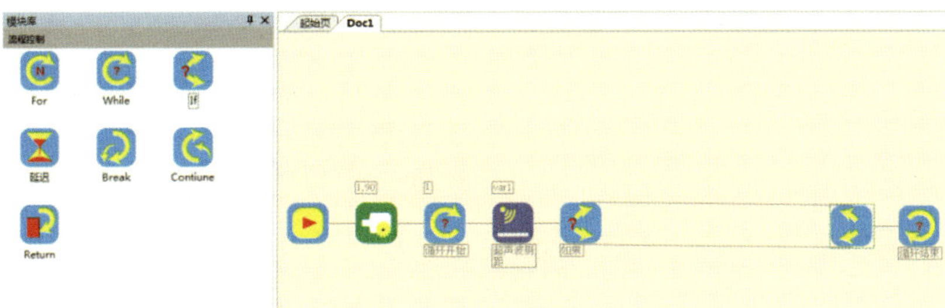


■ 图 24　条件判断图标加入示意图

双击条件判断图标，弹出条件输入窗口，在表达式空格内填入判断条件（这里假设超声波传感器检测到障碍物，即人手的距离在 3 ~ 6），输入方式为 var1<=6&&var1>=3。var1 为步骤 4 中定义的超声波传感器输出的数值变量（代号）；第二个空白处不用填写。输入窗口如图 25 中蓝色窗格所示。鼠标左键单击窗口中的“关闭”，绘图界面中上方将显示刚刚输入的表达式，如图 25 所示。

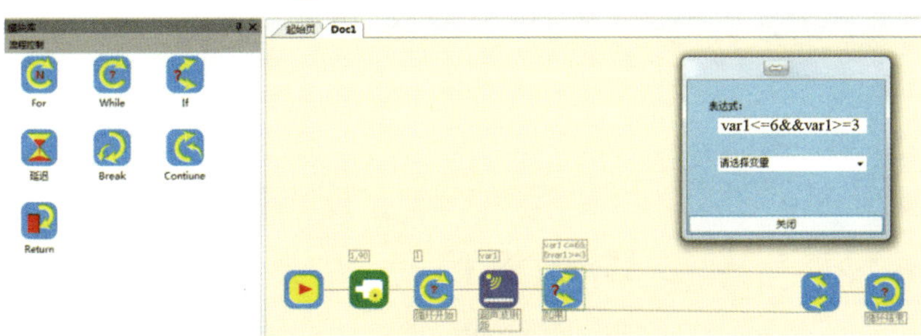


■ 图 25　条件判断属性填写示意图

## Step 7 检测到裁判手势，足球机器人进行踢球动作

机器人的踢球动作可以分解为后扬腿、腿摆动前踢、返回站立位三个动作，每个动作对应一个不同的舵机操作。考虑到舵机从一个角度旋转到另一个角度需要一定的时间，因此需要在每两次舵机调整角度中间插入一定的等待时间（在程序里，称这个等待时间为“延时”）。这一过程的程序编写流程为：在超声波测距模块检测到手势时（对应在程序里就是条件判断的上半分支），加入舵机控制模块（该模块需要放置在条件判断开始图标右侧稍靠上一点，直到上方出现小圆圈时，松开鼠标左键，使得该图标与相互连接）；双击图标，并在弹出窗口中按照步骤 3 的方法设置舵机端口为 1，旋转的角度为 100°，设置过程及设置后效果如图 26 所示。

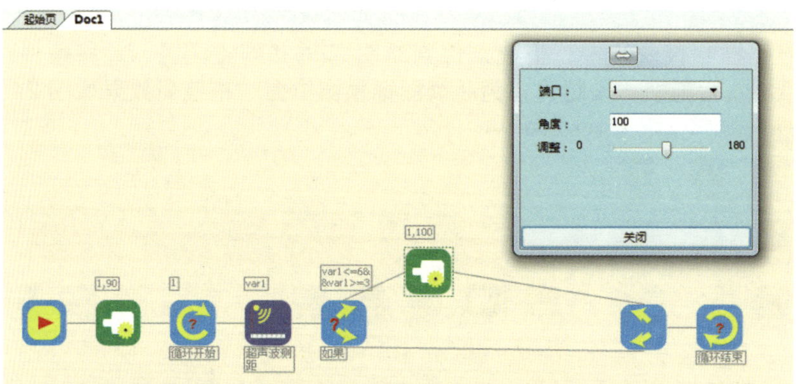


■ 图 26　机器人后扬腿程序及参数配置示意图

下面，我们插入延时模块来确保机器人可靠地将腿后扬到 100°。具体操作方法为：在软件模型库流程控制模块中选择延时模块，并把它连接到刚刚加入的舵机控制模块右侧，双击延时模块，在弹出的参数设置窗口中，设置延迟时间为 500（此处单位为毫秒），设置过程及设置后状态如图 27 所示。

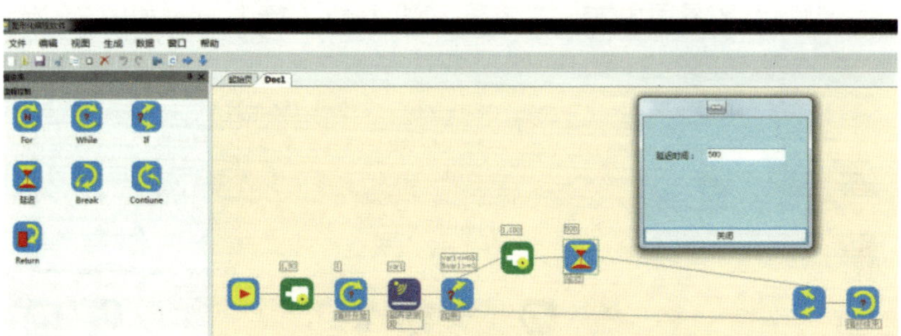


■ 图 27　延迟模块加入及设置方法

按照类似的方法，加入舵机控制模块，使舵机旋转到 70°，实现舵机的前踢腿；加入延时程序（可以设置延迟时间仍然是 500），确保舵机可靠地旋转到 70°；再加入一个舵机控制模块，让舵机恢复到站立状态的 90°，完成以上这些操作后，编程图形变为如图 28 所示状态。

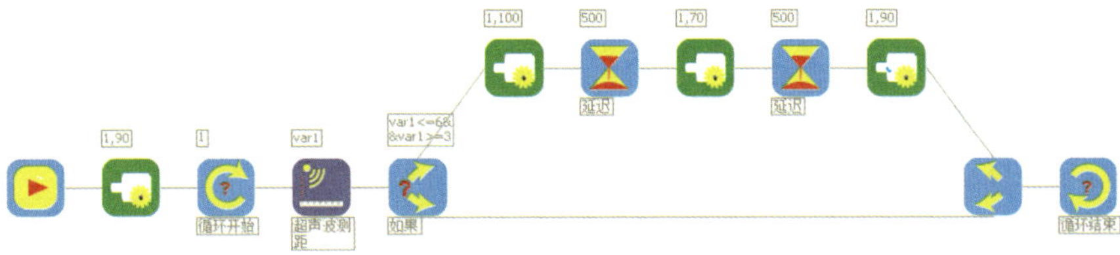


■ 图 28　整体程序图形

**Step 8** 将程序下载到机器人大脑

程序下载包括代码生成、编译、下载三个步骤。编写好图形连接的程序后，鼠标左键单击自动对齐图标，如图 29 左图所示，可以让绘图区内的图标自动有序地排列。单击图 29 右图红色圆圈中的图标，完成将图形编程转换为计算机可以读取的字符代码，生成代码如图 29 右图所示。

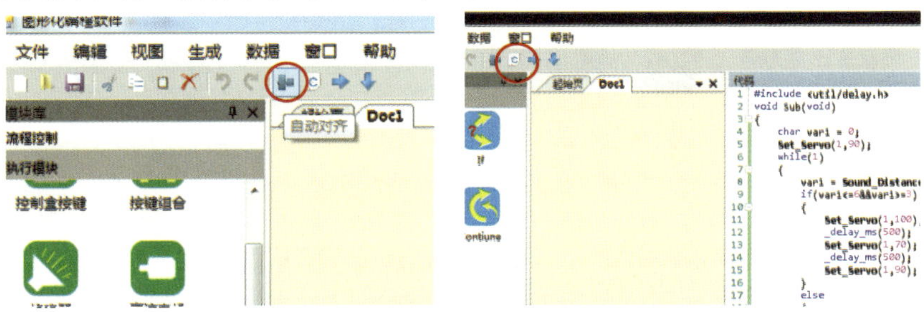


■ 图 29　图标自动对齐、代码生成示意图

单击代码生成图标右侧的编译图标，完成对代码的编译（编译就是计算机把上面所生成的代码转换成机器人“大脑”能识别的指令），编译成功后会在整个软件界面的左下角显示“编译成功！”，如图 30 右图所示。

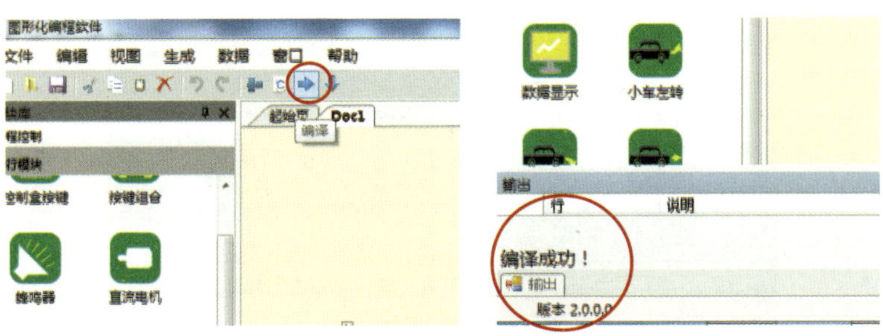


■ 图 30　编译及编译结果显示

将控制盒用USB线与电脑相连，并打开控制盒电源，按下控制盒上的相应按键，使控制盒屏幕选中下载。单击电脑编程软件的下载图标（该图标在编译图标右侧），弹出下载配置窗口，如图31所示。单击“串口号：”空白处的下拉三角处，选择最下面一行，鼠标左键单击下载，同时按下控制盒中间确定键，开始下载程序。当程序下载完成窗口弹出后，拔下连接线即可。

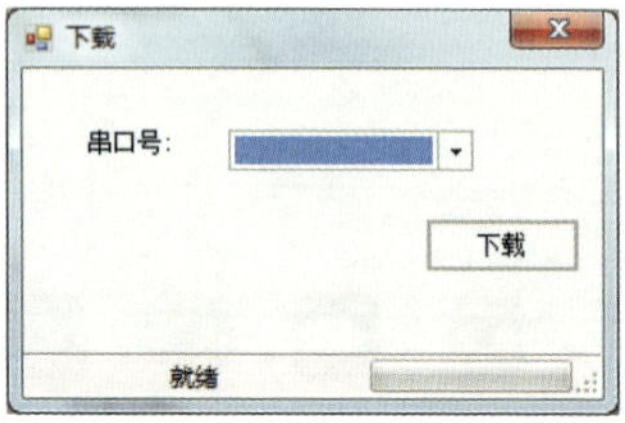


■ 图31　下载配置窗口

射门球员的程序就算是大功告成了，守门员程序的大体步骤和射门球员程序步骤基本类似，只是程序内容有所不同，同学们可以参考射门球员程序来编写守门员程序。守门员程序如图32和图33所示。

## 机器人“点球”大战例程

守门员程序图形如图32所示，具体参数设置如图33所示。

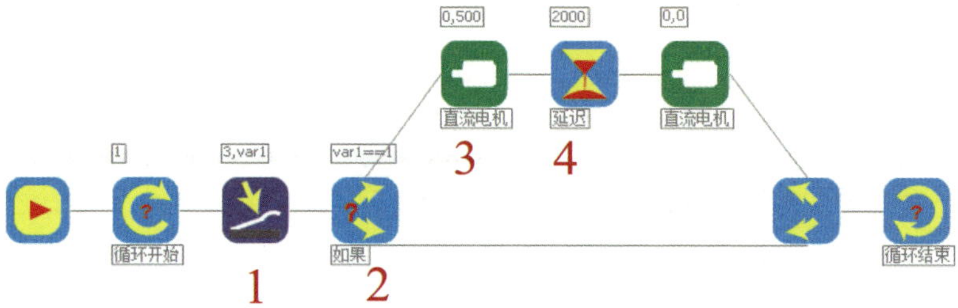


■ 图32　守门员程序图形

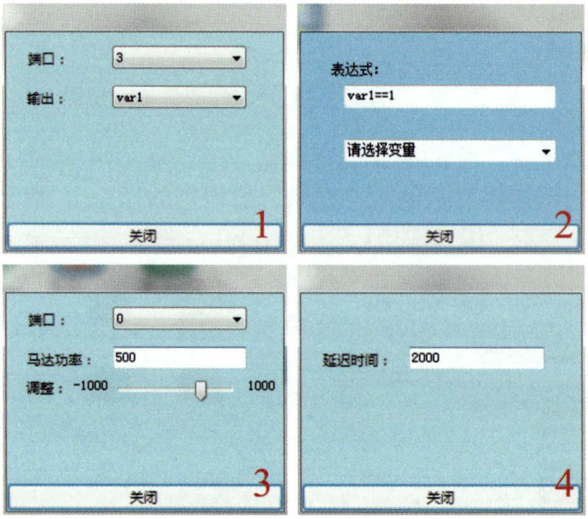


■ 图33　参数设置

## 创意 expanding

超声波传感器可以对集装箱状态进行探测，如图 34 所示。将超声波传感器安装在塑料熔体罐或塑料粒料室顶部，当向集装箱内部发出声波时，就可以据此分析集装箱的状态，如满、空或半满等。

超声波传感器可用于检测透明物体、液体、任何表面粗糙、光滑、光的密致材料和不规则物体。但不适用于室外、酷热环境或压力罐以及泡沫物体。

图 34 利用超声波传感器探测集装箱状态

超声波传感器可以应用于食品加工厂，实现塑料包装检测的闭环控制系统。配合新的技术可在潮湿环（如洗瓶机）、噪声环境、温度极剧烈变化环境等条件下进行探测。

超声波传感器可用于探测液位、透明物体和材料，控制张力以及测量距离，主要为包装、制瓶、物料搬运、检验煤的设备、塑料加工以及汽车行业等。超声波传感器可用于流程监控，以提高产品质量、检测缺陷、确定有无以及其他方面。如图 35 所示，利用超声波传感器，我们可以探知海底深度，防止货船触礁。在捕鱼业中，超声波声呐技术也起到了至关重要的作用，如图 35 所示。同时，军事上，超声波雷达也可以探知敌方潜艇位置，可谓是海上万能法宝。

利用声呐探测海深

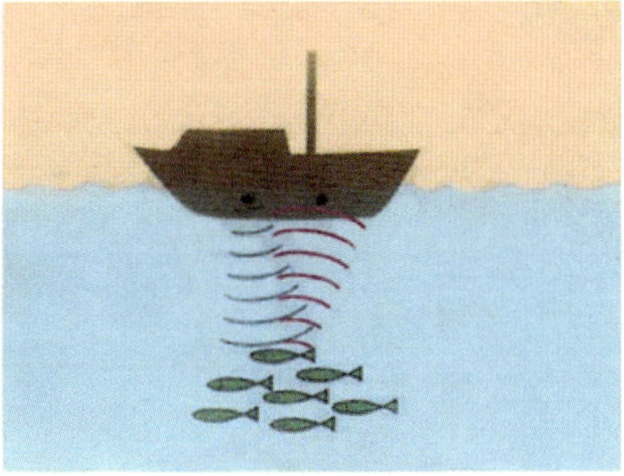

利用声呐探测鱼群

图 35 声呐的应用

# 下篇

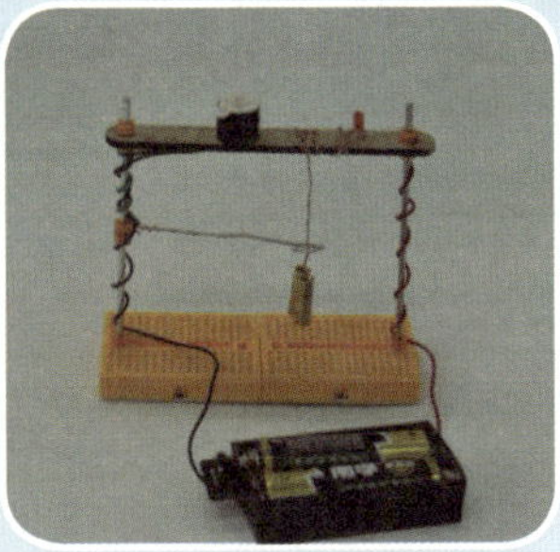

**01** **地震了，迅速撤离吧**
—— 制作震动报警仪

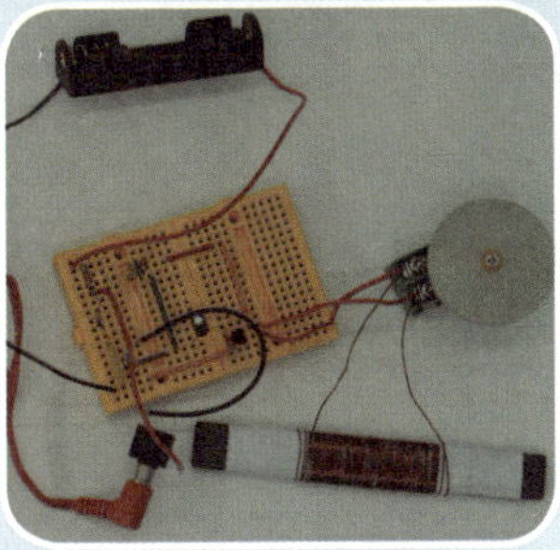

**02** **废墟之下的希望**
—— DIY 收音机

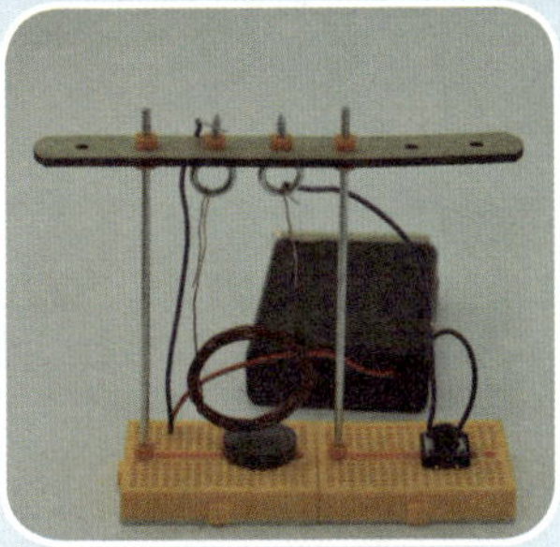

**03** **告别人力的传统游戏**
—— 电磁秋千

**04** **哈利·波特的魔法扫帚**
—— 体验磁悬浮

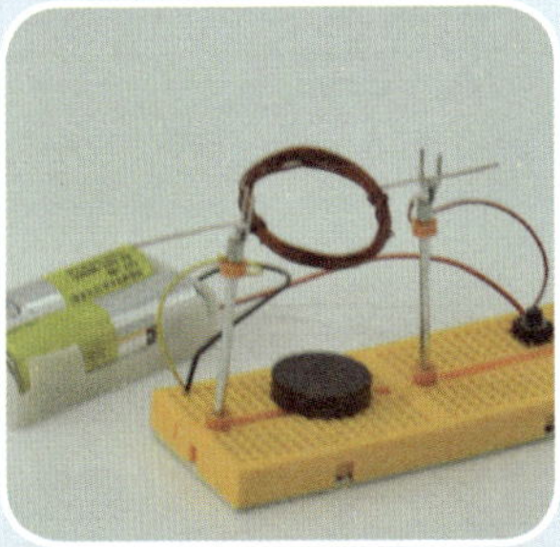

**05** **可以操纵的运气**
—— 制作简易电动机

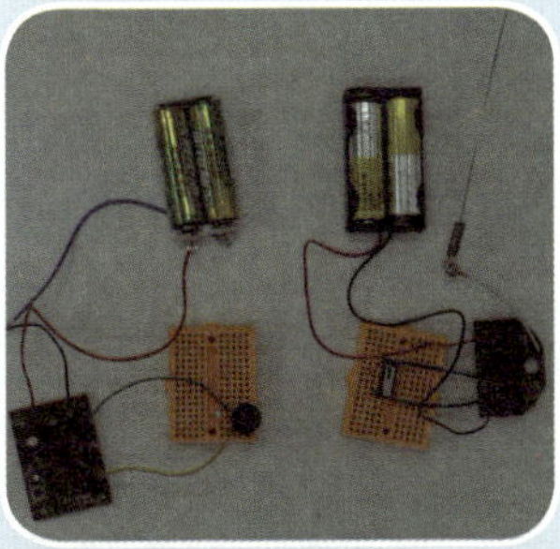

**06** **来自远方的呼唤**
—— DIY 电报机

**07** **外星怪兽的入侵**
—— 无线遥控四足机器人

**08** **无线辐射现原形**
—— 制作手机来电信号检测器

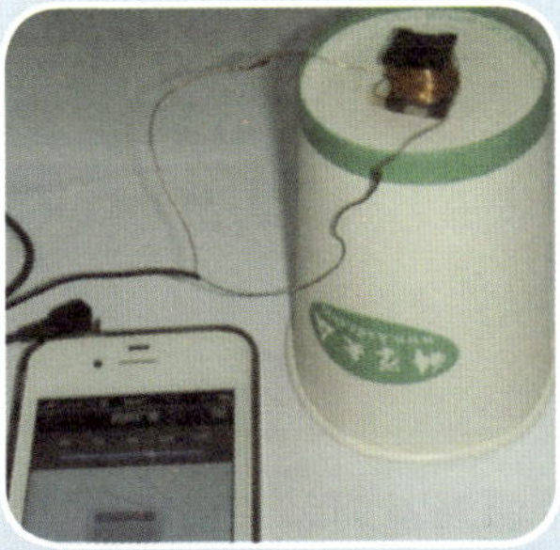

**09** **小喇叭开始广播了**
—— 演奏音乐的小喇叭

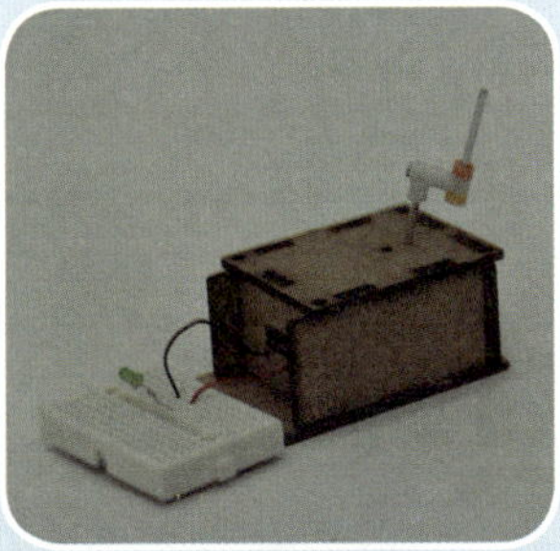

**10** **重返现代的钥匙**
—— 手摇发电机

# 01 地震了，迅速撤离吧——制作震动报警仪

公元 132 年，我国著名科学家张衡发明了最早的地震仪，称为候风地动仪（见图 1）。它有 8 个方位，每个方位上均有一条口含铜珠的龙，在每条龙的下方都有一只蟾蜍与其对应。任何一方如有地震发生，该方向龙口所含铜珠即落入蟾蜍口中，由此便可测出发生地震的方向。当时利用这架仪器成功地测报了西部地区发生的一次地震，引起全国的重视。这比西方国家用仪器记录地震的历史早一千多年。

■ 图 1　候风地动仪

**学习目标：** 了解报警仪的电路结构；掌握地震报警的基本知识；制作一个震动报警器

**材料清单：** 面包板 ×2、电池盒 ×1、干电池 ×2、发光二极管 ×1、蜂鸣器 ×1、小铜柱 ×2（可替换）、铁丝 ×1、金属轴 ×2、轴套若干、电线若干

**所需工具：** 手工钳、电烙铁、焊锡丝

## 知识 learning

### 地震的前兆

到目前为止，人类也没有找到用科学仪器对地震进行精准预测的方法。但是，我们的古人还是根据经验总结了一些可能与地震孕育和发生有关的征兆，现在我们来了解一下。

井水的升降、变浑浊，还有动物的反常行为。比如，牲畜不进圈、狗狂吠、鸟或昆虫乱飞、冬眠的蛇出洞等；另外，电磁异常也是一种预兆。地震前，家用电器如收音机、电视机、荧光灯等出现的失灵现象。最常见的是收音机失灵、手机信号减弱或消失、电子闹钟失灵等现象。

### 地震中的自我保护

1) 震时就近躲避，震后迅速撤离到安全的地方，是应急避震较好的办法。这是因为，震时预警时间很短，人又往往无法自主行动，再加之门窗变形等，从室内跑

出十分困难；如果是在楼里，那跑出来几乎更是不可能的。但若在平房里，发现预警现象早，室外比较空旷，则可力争跑出避震。

2) 躲在室内结实、不易倾倒、能掩护身体的物体下或物体旁，尽量选择开间小、有支撑的地方；在室外时远离建筑物，选择开阔、安全的地方。

3) 应趴下，使身体重心降到最低，脸朝下，不要压住口鼻，以利于呼吸；蹲下或坐下时尽量蜷曲身体；抓住身边牢固的物体，以防摔倒或因身体移位，暴露在坚实物体外而受伤。

4) 低头，用手护住头部和后颈，有可能时，用身边的物品，如枕头、被褥等顶在头上以保护头颈部；低头、闭眼，以防异物伤害眼睛；有可能时，可用湿毛巾捂住口、鼻，以防灰土、毒气。

5) 不要随便点明火，因为空气中可能有易燃易爆气体充溢；要避开人流，不要乱挤乱拥。无论在什么场合（街上、公寓、学校、商店、娱乐场所等）均如此。这是因为拥挤中不但不能脱离险境，反而可能因跌倒、踩踏、碰撞等受伤。地震造成的破坏如图 2 所示。

■ 图 2　地震造成破坏

## 技能 getting

震动报警仪的电路连接如图 3 所示。

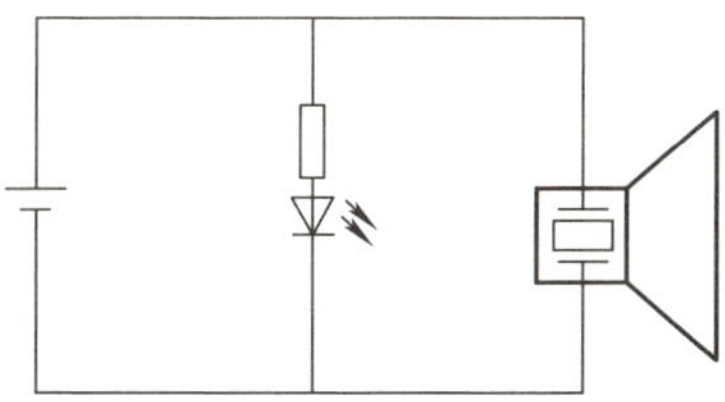

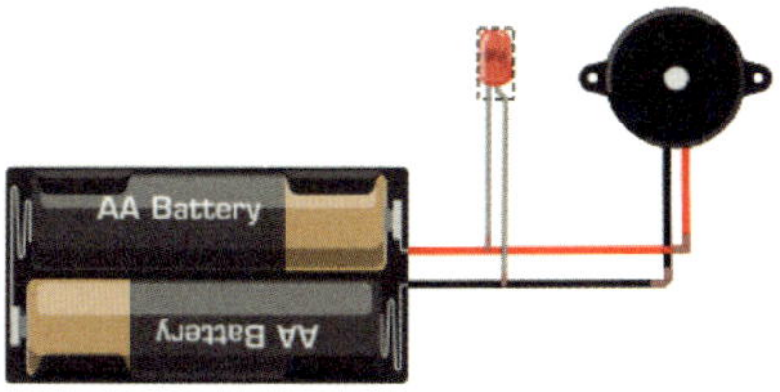


■ 图 3　震动报警仪电路连接图

## 蜂鸣器

蜂鸣器（见图 4）是一种将电能转化为声音信号的电子元件，它广泛应用于计算机、打印机、复印机、报警器、电子玩具、汽车电子设备、电话机、定时器等电子产品中作为发声部件。蜂鸣器主要分为压电式蜂鸣器和电磁式蜂鸣器两种类型。蜂鸣器的正负极一般都会标注在元件上面，正极端口会有一个小小的加号“+”。

■ 图 4　蜂鸣器示意图

我们今天使用的是电磁式蜂鸣器。电磁式蜂鸣器由振荡器、电磁线圈、磁铁、振动膜片及外壳等组成。接通电源后，振荡器产生的音频信号电流通过电磁线圈，使电磁线圈产生磁场。振动膜片在电磁线圈和磁铁的相互作用下，周期性地振动发声。它的工作电流小于 25 毫安，电压为 2~3.5 伏，频率为（2300 ± 500）赫兹。

## 动手 DIY

### 1. 制作内部电路

**Step 1**　前期材料的准备工作

1）准备一段裸露的铜线（也可以将一段导线的外绝缘皮去掉）；

2）将准备好的细铁丝制作成如图 5 所示的形状备用。

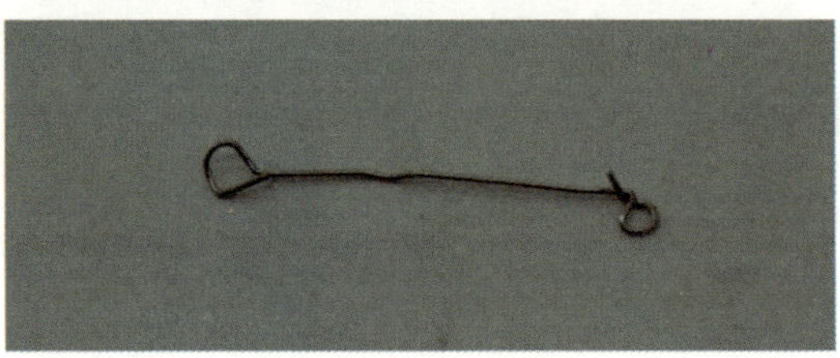

■ 图 5　细铁丝

**Step 2**　发光二极管的焊接

首先我们取出发光二极管、裸露的铜线，还有普通的导线一根；接着将裸露铜线的一端用电烙铁焊接到发光二极管的阳极（+）上，另一端绑定铜柱；然后再将普通的导线焊接到发光二极管的阴极。

完成后将发光二极管固定到小木条上，如图 6 所示。

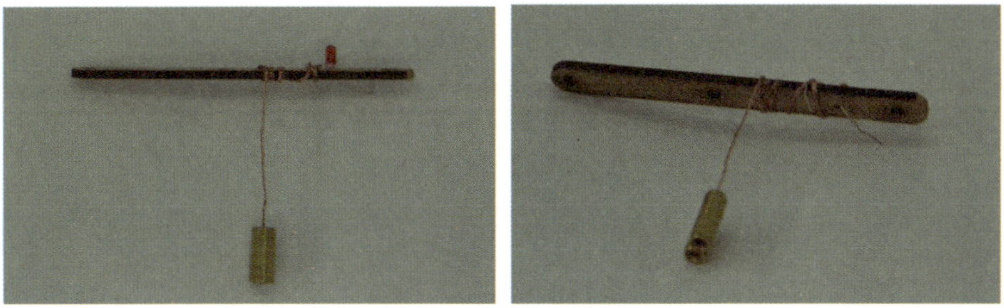

■ 图 6　发光二极管的连接

### Step 3 蜂鸣器的焊接

蜂鸣器的正负极在器件上已经标明，我们只需在蜂鸣器的正负极上分别焊接一根导线，然后将蜂鸣器也固定在小木条上。制作样品如图 7 所示。

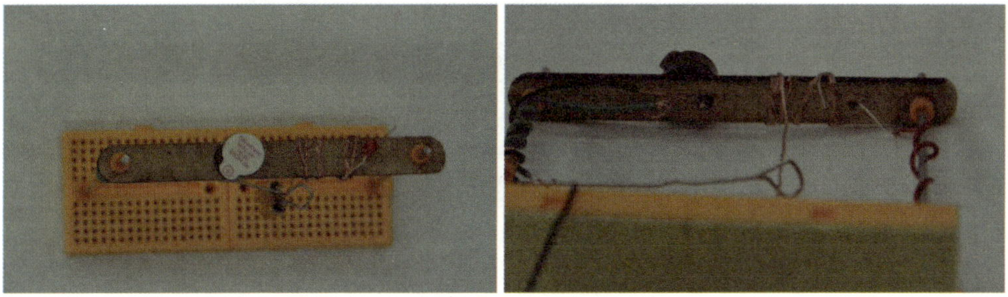

■ 图 7　蜂鸣器的焊接

## 2. 制作支架

先按照图 8 将支架搭起来，然后将我们之前已经准备好的铁丝固定到支架的一根金属轴上，为了更加稳固，我们又增加了两个轴套固定。制作的样品如图 8 所示。

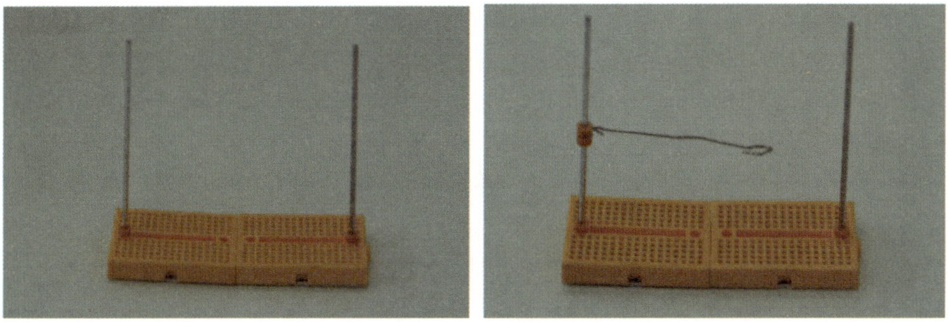

■ 图 8　支架的安装

## 3. 电路的连接与调节

首先我们将步骤 1 中已经完成的小木条（已打孔）固定到金属轴上，这里我们用轴套固定，用其他方法也可以。固定好以后

1）将蜂鸣器的正极导线连接到金属轴的铁丝上；

2）将蜂鸣器的负极导线连接到电池盒的负极接口上；

3）将发光二极管连接的裸露铜线穿过铁丝圆圈，调节铁丝圈使裸露铜线呈自然下垂状态；

4）将发光二极管的普通导线连接到电池盒的正极接口上。

完成以上所有的步骤以后，我们再仔细地调整一下我们的小制作，归置一下所有的导线，使其更有条理，成品如图 9 所示。

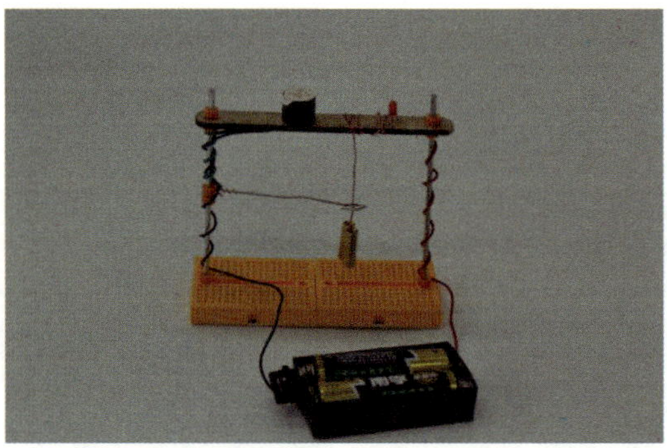

■ 图 9　成品

## 创意 expanding

在本次的小制作中，我们运用闭合电路的原理，将光、电、声结合为一体，制作成“震动报警仪”。但是地震发生的概率是极小的，我们不能时时刻刻为电路供电让它一直处于工作状态，这样既浪费钱又浪费精力。那么有没有什么方法能让它既一直工作又不浪费资源呢?

其实是有的，我们大家肯定听说过太阳电池，太阳电池的工作原理就是将光能转化为电能。太阳能是源源不断的可再生能源，我们可以使用一块可充电电池为这次的小制作提供能源，同时又用太阳电池板为电池充电，这样不仅解决了能源问题，还保护了环境，是不是一举两得呢?

生活中还有哪些可持续源源不断的能源呢? 现在已知的有水能、风能、地热能、生物能、太阳能等，这些能源是清洁的。我们的地球面临着巨大的环境破坏的问题，我国已经发出了“低碳生活”的倡导。保护地球，人人有责。

# 02 废墟之下的希望——DIY 收音机

梦想之城发生了一场 8 级强烈地震，科技小博士被困在废墟之内，已经过了 3 天 3 夜，还没有人到现场救援。外面的人是不是把我们遗忘了呢？让我们做一个收音机，来听一听救援队是不是知道我们还被压在废墟之下，我们需要怎么做，才能配合外界进行救援？

**学习目标：** 了解收音机的基本原理；了解收音机电路；制作收音机

**材料清单：** 收音机集成电路 ×1、电容 ×2、电阻 ×3、稳压二极管 ×2、晶体管 ×1、可变电容 ×1、耳机插座 ×1、电池 ×1、导线若干、面包板 ×1（见图 1）

**所需工具：** 电烙铁、焊锡丝

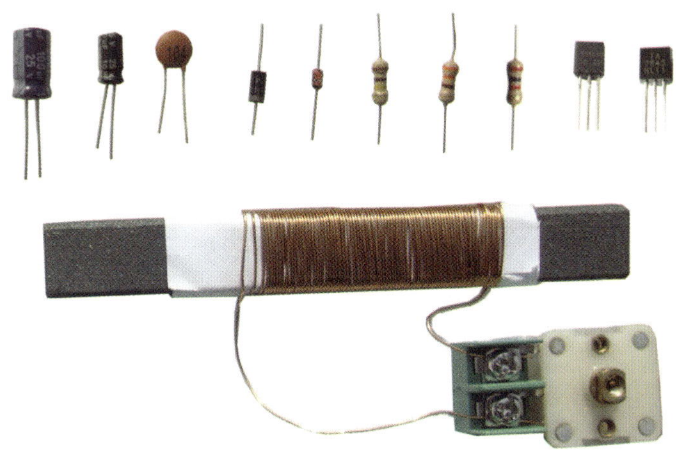

■ 图 1　材料清单

## 知识 learning

### 收音机

收音机是利用电池提供的电能将空中的电磁波信号转换为能够收听广播电台发射出来的音频信号的一种机器。收音机的工作过程是，把从天线接收到的高频信号经检波（就是把声音信号从电流信号中提取出来）还原成音频信号，送到耳机中变成人耳能够听到的声音。

天空中有很多不同频率的无线电波，比如有中央人民广播电台的无线电波（正在播放新闻），有北京音乐广播电台的无线电波（正在播放悦耳的流行歌曲），有北京交通广播电台的无线电波（正在播报实时路况）。如果把这些电波全都接收下来，那音频信号就会像处于闹市之中一样，许多声音混杂在一起，结果什么也听不清了。

为了设法选择所需要的节目，需要一个选择（每个电台的信号对应一种特殊频率的电磁波）电路，它的作用是把所需的信号（电台）挑选出来，并把无关的信号“过滤”掉，以免相互干扰。

经过选择电路的输出信号是一种高频调幅信号（是把声音附加到了一种特殊的电磁波上），利用它直接推动耳机（扬声器）是不行的，还必须把它恢复成原来的声音信号，这种还原电路称为解调电路，把解调的音频信号送到耳机中，就可以收听到广播了。图 2 所示为直放式调幅收音机的框图。

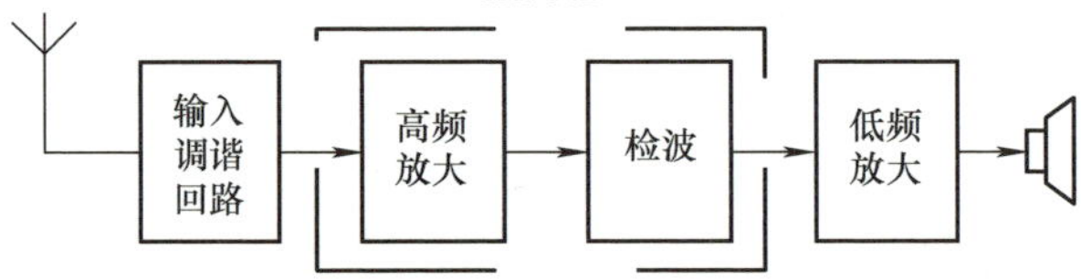


■ 图 2　直放式调幅收音机框图

## 技能 getting

## 收音机电路

**直放式收音机：**对磁棒天线接收到的信号直接放大，送到耳机中发出声音，其电路原理如图 3 所示。

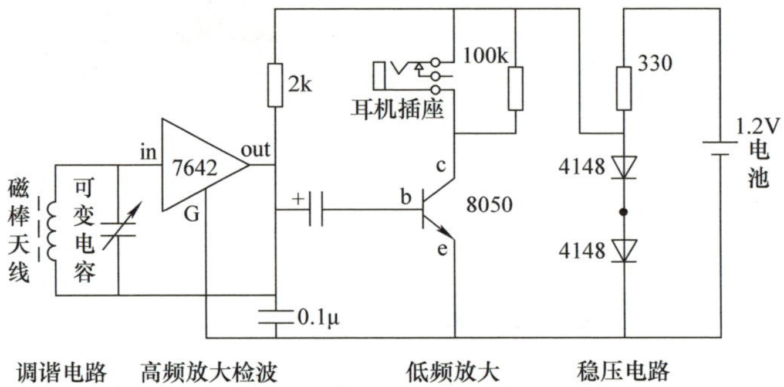


■ 图 3　直放式收音机电路原理图

**高频放大检波电路：**高频放大检波电路是一个微型集成电路，外形和晶体管一样。别看它体积很小，它的内部却集成了多达 10 只晶体管，用来实现对信号的放大和检波功能。

**低频放大电路：**由晶体管构成，对高频放大检波电路输出的音频信号进行放大后，驱动耳机发声。

**稳压电路：**利用二极管可以将输出电压稳定在 0.7 伏左右，两个串联，实际稳压输出在 1.4 伏左右。

磁棒是由一种铁氧体材料构成的，像陶瓷一样质地坚硬，易碎，使用时要小心，掉在地上就会折断。磁棒具有较强的导磁性。磁棒天线就是在磁棒上缠绕漆包线，能够聚集空间中的电磁波，由于电台发送的无线电波的磁场方向是水平的，因此当磁棒水平放置并且轴线的垂直方向指向电台时，汇聚的磁力线最多，线圈中的信号电压最强。

**调谐电路：**每一个广播电台的频率都是不一样的，每个电台都有自己固定的发射频率，为了接收不同的电台信号，就需要“调台”，实现这一过程的是“调谐电路”。收音机的调谐电路一般由绕在磁棒上的漆包线圈和可变电容构成。线圈相当于一个电感，能够通过直流，对交流有阻碍作用，频率越高，阻碍作用越大。电容可隔断直流通过交流，频率越高越容易通过，对低频信号阻碍作用大。

收音机的调谐电路中，信号同时通过可变电容和线圈，相当于串联，线圈电感对频率高的信号阻碍大，电容对频率低的阻碍大，只有受电感和电容阻碍作用都小的信号才能通过，此时电路中的感应电流最大，电路处于“谐振”状态。电容量和电感量越大，谐振频率越低。反之，电容量和电感量越小，谐振频率越高。这里通过调节可变电容的旋钮改变电容的大小，从而实现调谐。

## 动手 DIY

### 1. 制作收音机天线

**Step 1** 磁棒天线

在磁棒外包一层纸，再将铜丝缠绕在磁棒上，如图 4 所示。

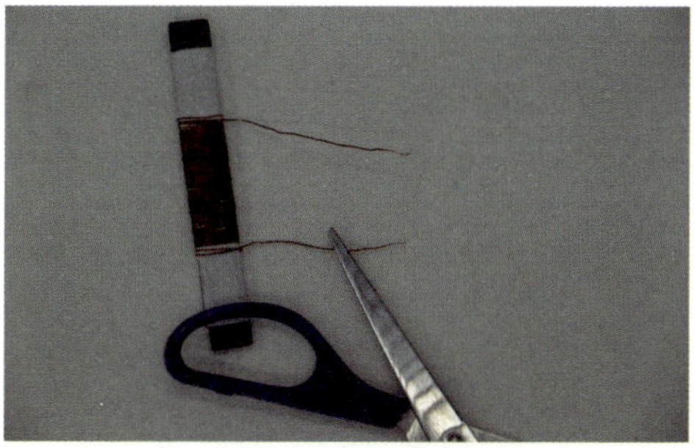

图 4 缠绕磁棒天线

**Step 2** 连接导线

将导线分别连接在磁棒天线两端，完成后如图 5 所示。

**Step 3** 连接可变电容

将磁棒天线分别与可变电容的两端相连，如图 6 所示。

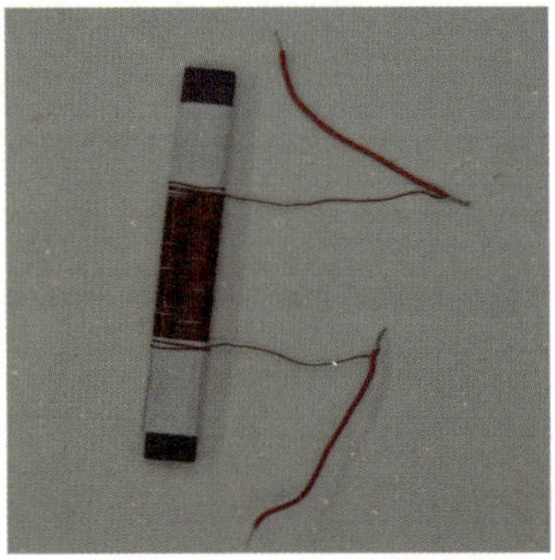

■ 图 5　磁棒天线与导线连接方法

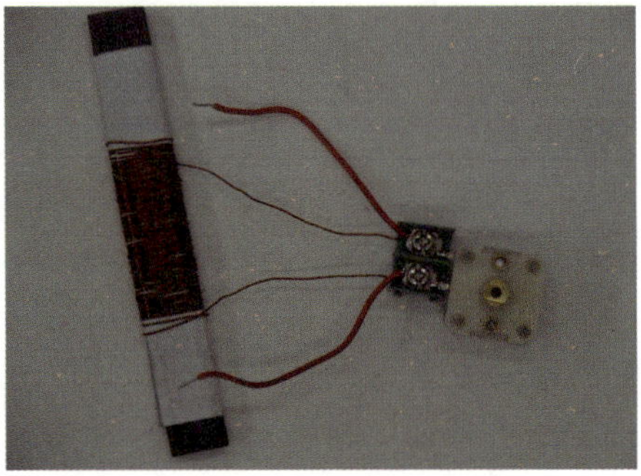

■ 图 6　连接可变电容

## 2. 连接收音机电路

收音机电路的元器件如图 7 所示。

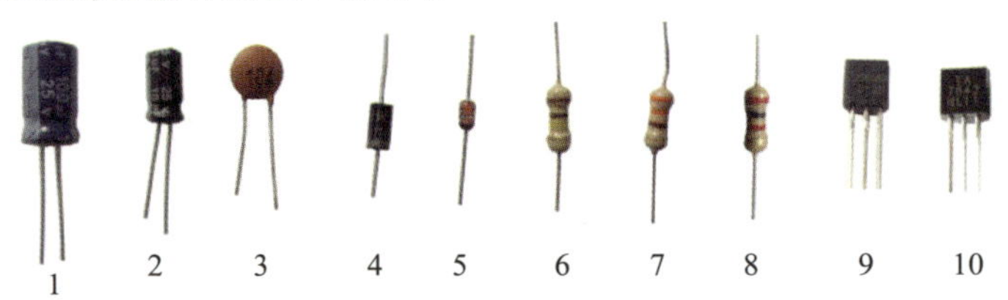


■ 图 7　电路元器件

**Step 4** 按照直放式收音机电路原理图，在面包板上插入电路元器件，如图 8 所示。

■ 图 8　步骤 4 安装示意图

**Step 5** 将可变电容连到面包板上，如图 9 所示。

■ 图 9 可变电容固定方法

完成上述 5 个步骤，属于你的 DIY 收音机就完成啦（见图 10），在废墟下耐心等待外部救援吧！

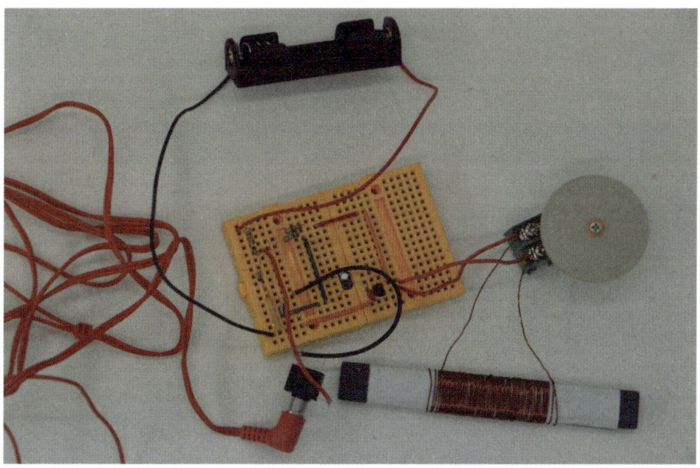

■ 图 10 收音机成品示意图

## 创意 expanding

本节完成的收音机是多种收音机中最简单的一种，除此之外还有 FM 收音机、多波段收音机、立体声收音机等。下面我们再介绍一种适合 DIY 的神奇收音机，它不需要电池也可以接收到电台的节目，这就是著名的矿石收音机。

矿石收音机的名字来源于这种收音机在早期使用的检波元件是直接用天然矿石做成的，使用时通过一根金属探针调整其在矿石上的压力和方位。

简单的矿石收音机由一个线圈、一个可变电容、检波器和耳机构成。图 11 所示为国外科技爱好者制作的大环形线圈矿石收音机，图中人物左手边的两个大的方框形的东西就是环形线圈，这是矿石收音机的天线。同学们可以自己在网络上搜索矿石收音机的制作方法，尝试着去制作一个不用电池也可以接收广播电台节目的神奇的矿石收音机。

■ 图 11　矿石收音机原形

# 03 告别人力的传统游戏——电磁秋千

几十万年前的上古时代，我们的祖先为了谋生，不得不上树采摘野果或猎取野兽。在攀缘和奔跑中，他们往往抓住粗壮的蔓生植物，依靠藤条的摇荡摆动，上树或跨越沟涧，这是秋千最原始的雏形。春秋时期在我国北方开始有了将绳索悬挂于木架、下拴踏板的秋千。人们用秋千取乐、竞技，直到今天，秋千依旧是小朋友们喜爱的游戏！今天，我们一起来制作一个不用人推就能荡起来的自动秋千。

**学习目标：**了解电磁效应；制作电磁秋千

**材料清单：**面包板 ×2、开关 ×1、磁铁 ×1、线圈 ×1、金属轴 ×2、金属环 ×2、轴套 ×8、电池盒 ×1、导线 ×2、木板 ×1（见图 1）

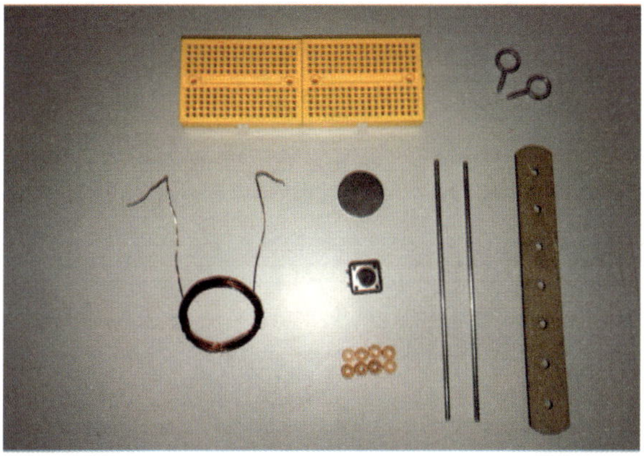

■ 图 1 材料清单

## 知识 learning

### 电磁场

电磁场是一种由带电物体产生的物理场（场是一种特殊物质在空间的分布情况，如磁铁在其周围就产生了磁场，当有金属靠近时，就会对金属产生吸引现象，两个相同极性的磁铁会产生明显的排斥现象）。通电的铜线圈就可以形成电磁场。处于电磁场中的带电物体或者具有磁性的物体会感受到电磁场的作用力。

我们生活中有许多对电磁场中的力的应用，如在小区中的电子门锁就利用了电磁场中的吸引力。当门被锁死的时候，其实是电磁铁产生了强大的吸引力，将大门与门框紧紧地吸合在一起，让人无法打开。

## 技能 getting

电磁线圈的电路连接如图 2 所示。

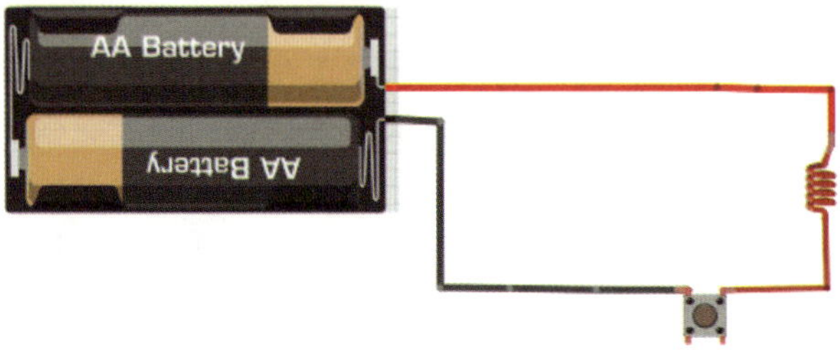


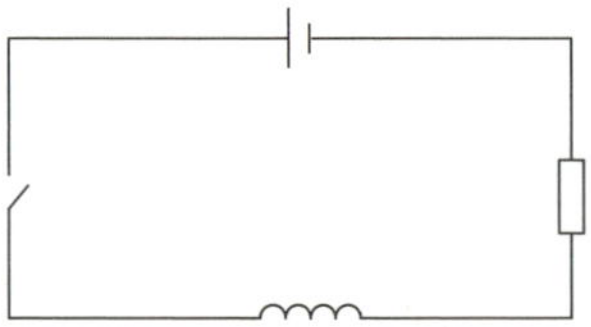

■ 图 2　电磁线圈电路连接图

## 线圈

线圈就是将导线一圈一圈环绕起来而形成的，导线间互相绝缘。绝缘管可以是空心的，也可以包含铁心或磁心，如图 3 所示。

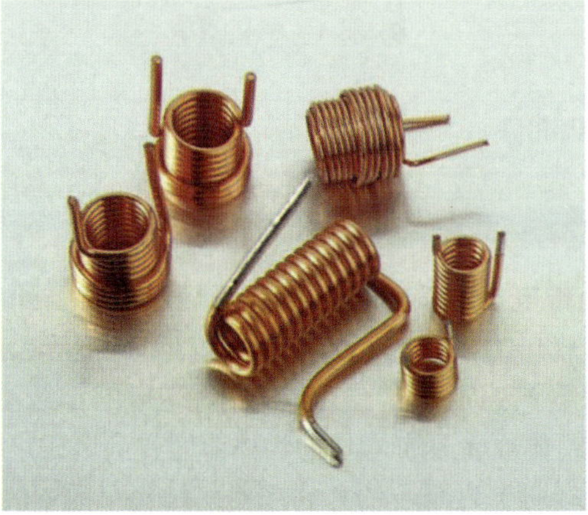

■ 图 3　线圈示例

## 动手 DIY

### 1. 上部制作

**Step 1** 将金属环插入配套木板中，并用轴套固定，如图 4 所示。

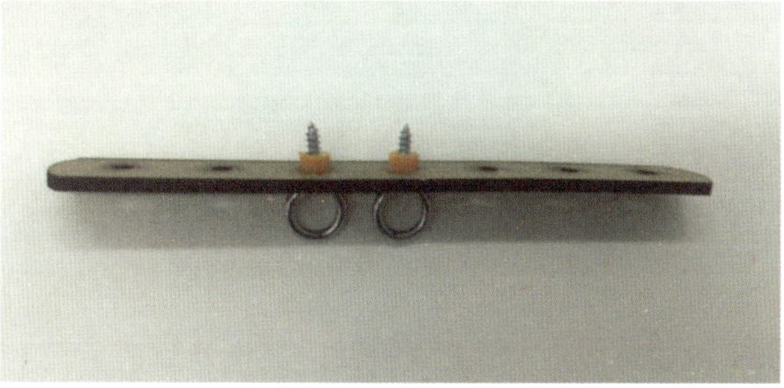

■ 图 4 步骤 1 安装示意图

**Step 2** 将线圈的两头系在金属环上，如图 5 所示。

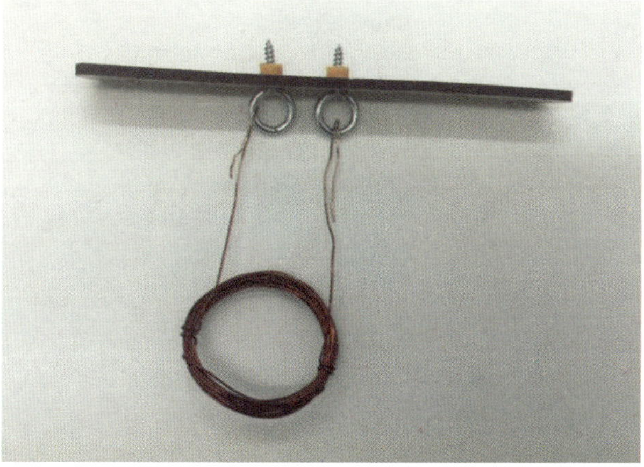

■ 图 5 步骤 2 安装示意图

**Step 3** 将金属轴插入配套木板中，如图 6 所示。

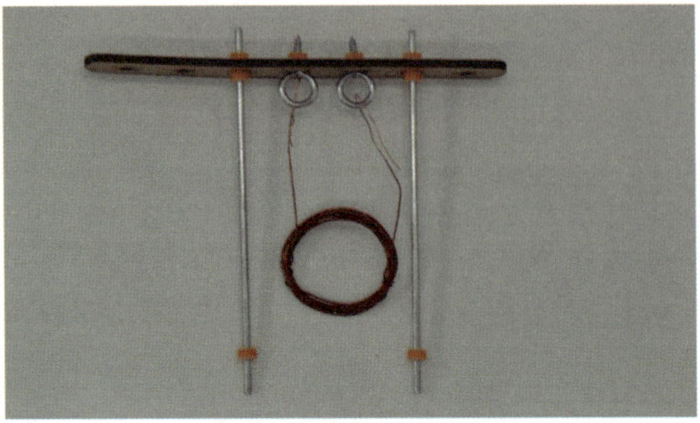

■ 图 6　电磁秋千上半部分

## 2. 底部制作

**Step 4** 将面包板平放在桌面上，并插上开关。将电池盒的负极（蓝线）插入面包板，使之与开关下端的一脚连接。将电池盒的正极（红线）插入面包板的另一侧，并引入一根导线与正极相连。由开关的另一脚引出一根导线。在面包板上放一块磁铁，完成效果如图 7 所示。

■ 图 7　电磁秋千的底座部分

## 3. 整体安装

**Step 5** 将电磁秋千的上半部分插入面包板的孔内，并用轴套固定，如图 8 所示。

**Step 6** 将从电池盒正极（红线）引出的导线，以及从开关一脚引出的导线分别与金属环相连，完成效果如图 8 所示。

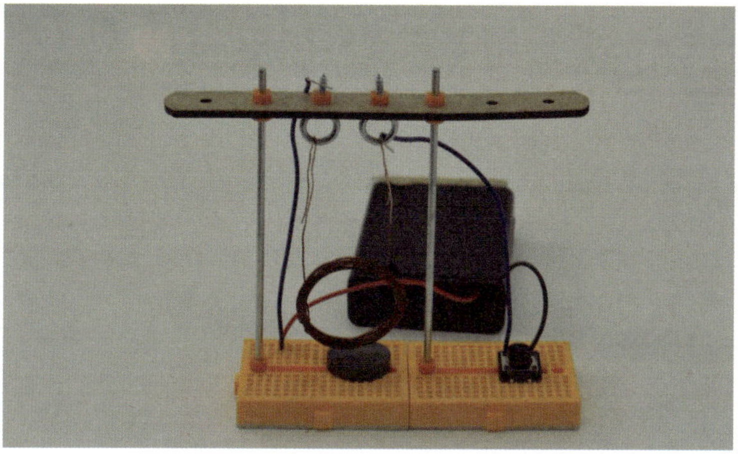

■ 图 8　电磁秋千

完成上述步骤，就可以感受奇妙的电磁秋千啦！

## 创意 expanding

线圈、磁铁还能设计在什么作品中呢？我们生活当中还有哪些东西可以用到线圈和磁铁呢？

将磁铁吸附在电池正负两极，成为一个“小火车”；再取一个内部空间可以通过电池的线圈；把电池放进线圈之后，你会惊喜地发现，没有生命的普通电池，变成了飞快奔跑的小火车（见图 9）！

■ 图 9　电磁隧道车

是不是很神奇呢？快来动手实验吧！发挥大家的奇思妙想，看看谁还能发现更多有趣的小装置呢？

# 04 哈利·波特的魔法扫帚——体验磁悬浮

在神秘的霍格沃茨魔法学校，人人都修习魔法，各式各样的魔法招式吸引着大家的眼球，不过最让人羡慕的非魔法扫帚莫属了！哈利·波特骑上魔法扫帚，想去哪里去哪里！尽情在天空中飞翔，可以和鸟儿肩并肩，感受广阔的蓝天，呼吸不一样的空气！我们一起来制作一个魔法师的扫帚，虽然没有翅膀，但是它可以自由地悬浮在空中，是不是很神奇呢?

**学习目标：** 了解磁铁的磁性性质；了解磁悬浮的基本原理；制作磁悬浮小装置

**材料清单：** 拼接木板套材 ×1、磁铁 ×6、螺钉 ×4、螺母 ×4、哈利·波特小卡片 ×1、尼龙线 ×1、透明胶带 ×1（见图 1）

**所需工具：** 剪刀

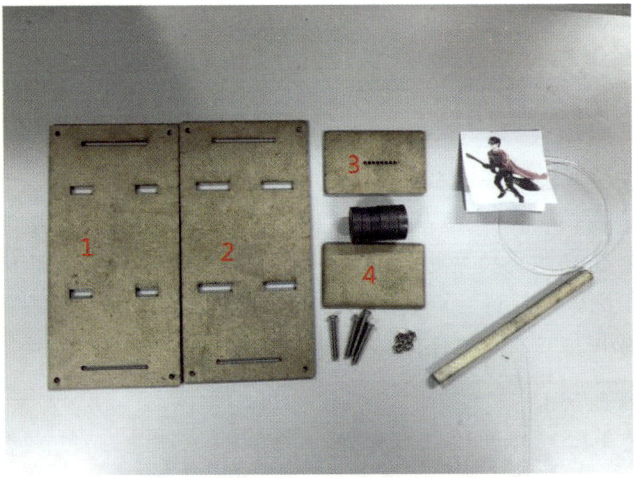


■ 图 1　材料清单

## 知识 learning

### 磁铁

磁铁是由一些内部结构比较特殊的铁、钴、镍等原子构成的，可以非常容易地吸引铁、钴、镍等金属。磁铁有很多形状，如方块磁铁、瓦形磁铁、异形磁铁、圆柱形磁铁、圆环磁铁、圆片磁铁、磁棒磁铁、磁力架磁铁等。

磁铁上一般会有两极，分别是南极（S）和北极（N）。我们将条形磁铁的中点用细线悬挂起来，静止的时候，它的两端会各指向地球的南方和北方，指向北方的一端称为指北极或N极，指向南方的一端为指南极或S极（见图2）。

如果将地球想象成一块大磁铁，则地球的地磁北极是指南极，地磁南极则指北极。磁铁与磁铁之间，同名磁极相排斥、异名磁极相吸引。所以，指南针与南极相排斥，指北针与北极相排斥，而指南针与指北针则相吸引。

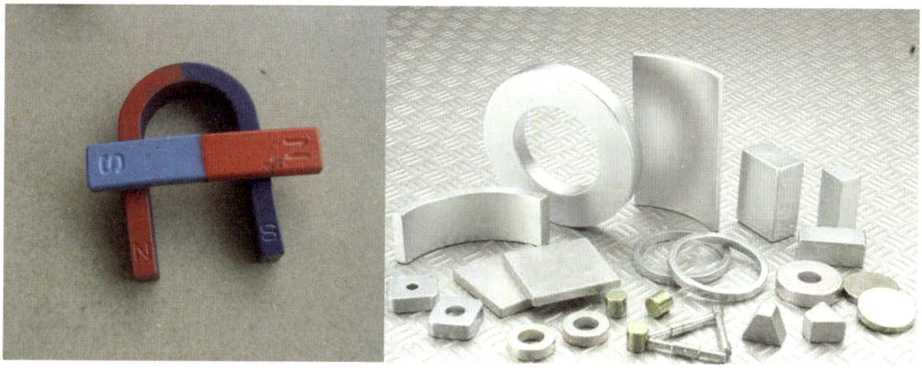


■ 图2　磁铁的种类

## 磁铁性质

1) 磁铁会吸引铁等金属，还能隔着物体吸铁（见图3）;
2) 磁铁有两个磁极，北极(N)，南极(S)；
3) 磁铁的两个磁极磁性强，磁铁中间磁性弱；
4) 磁铁同极相互排斥，异极相互吸引；
5) 磁铁能将金属铁磁化。

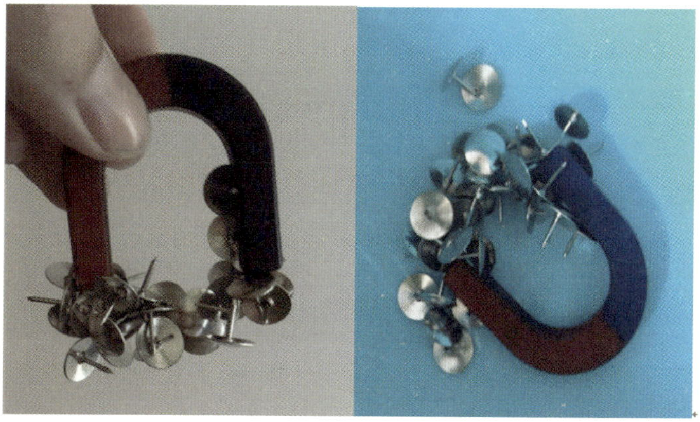

■ 图3　磁铁吸铁性物体

## 磁悬浮

磁悬浮就是利用相同极性的磁铁相互排斥的原理，用磁铁的排斥力抵消物体的重力，从而使物体悬空飘浮在空中的一种状态。如常见的磁悬浮地球仪，如图 4 所示。接下来，我们将一起制作一个借助磁铁排斥力悬浮在空中的魔法扫帚。

■ 图 4　磁悬浮地球仪

## 动手 DIY

接下来，就让咱们一起动手做出一个哈利・波特的扫帚吧！

**Step 1** 首先取出木板 1，将 4 个磁铁放入槽内（同一列的两块磁铁要相互排斥），如图 5 所示。

**Step 2** 取出木板 2，将 4 个方孔对准 4 个磁铁，覆盖到上一步得到的结果上，如图 6 所示。

■ 图 5　步骤 1 安装示例图

■ 图 6　步骤 2 安装示例图

**Step 3** 用螺钉和螺母将两个木板固定，如图 7 所示。

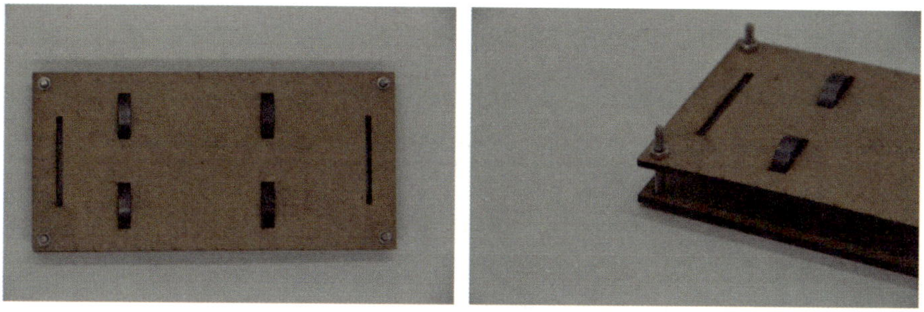

■ 图 7　固定好的底部示例

**Step 4** 将木板 3 和木板 4 分别插入大号木板的两侧长方形孔内，如图 8 所示。

**Step 5** 取出木棒和剩余的两个磁铁，将木棒插入磁铁内（两块磁铁要相互排斥），并用透明胶带将尼龙线固定在木棒一端，如图 9 所示。

■ 图 8　插好小号木板的示例

■ 图 9　小扫帚示例

**Step 6** 将木棒放在大木板上，并将尼龙线穿过小号木板的小孔，如图 10 所示。

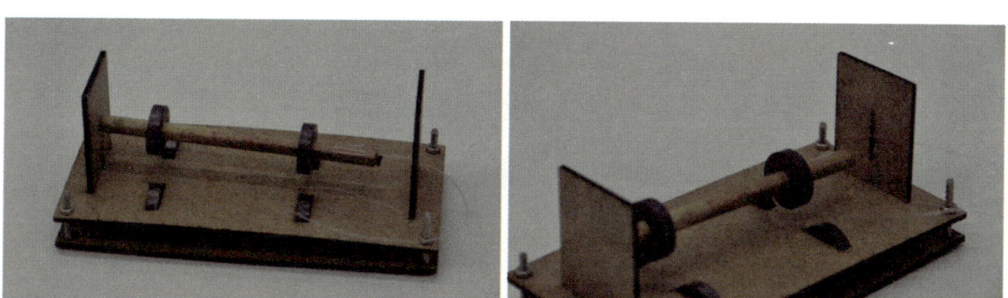

■ 图 10　磁悬浮扫帚

Step 7 将哈利 · 波特小卡片粘在木棒上，如图 11 所示。

■ 图 11　哈利 · 波特的神奇扫帚

神奇的磁悬浮扫帚完成了！变动小木棒的位置，感受神奇的磁悬浮吧！

## 创意 expanding

那么神奇的小磁铁还能做什么呢？来看看磁力小车！不用电、不烧油依旧可以跑的神奇小车！

神奇的磁悬浮，神奇的小制作！同学们快来发挥想象力，看看你们还能做出什么奇妙的东西？

**磁悬浮列车**

磁悬浮列车是一种现代高科技轨道交通工具，它通过电磁力实现列车与轨道之间的无接触的悬浮和导向，再利用直线电动机产生的电磁力牵引列车运行（见图 12）。

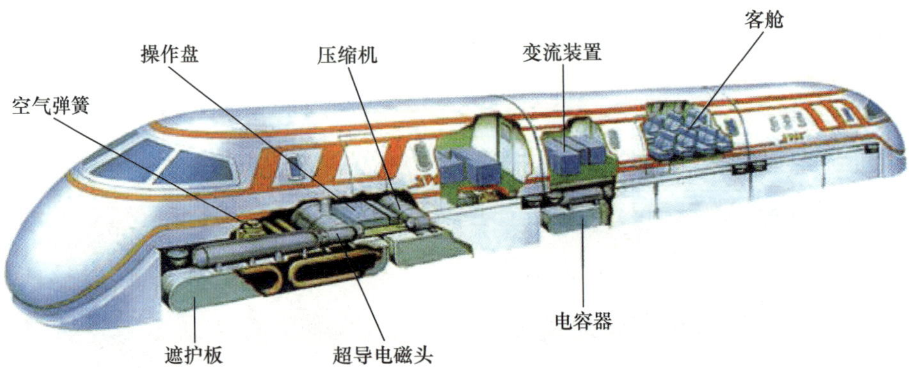


■ 图 12　磁悬浮列车的结构

# 05 可以操纵的运气 —— 制作简易电动机

科技小博士和电路小达人是一对小懒蛋，两个人每天都在为究竟谁去煮饭和刷碗而争执不休，最后两个人决定一起制作一个测试运气的小机器，让运气来安排两个人的分工。

**学习目标：** 电动机模型及其工作原理；复习串联电路

**材料清单：** 面包板 ×2、干电池 ×2、电池盒 ×1、四脚开关 ×1、线圈 ×1、磁铁 ×2、导线 ×2、金属轴 ×2、轴套 ×4（见图 1）

**所需工具：** 剥线钳

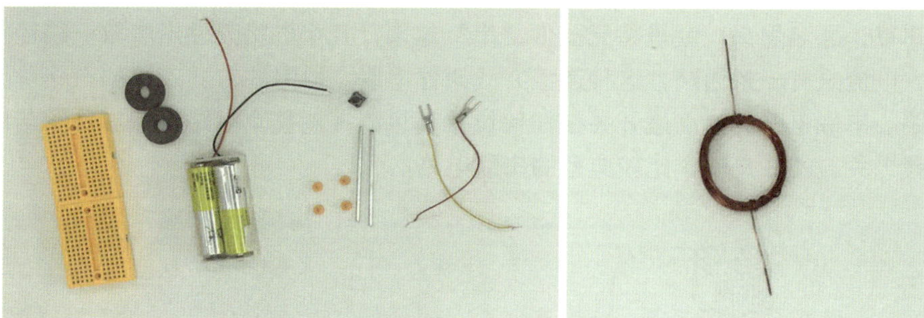

■ 图 1　材料清单

## 知识 learning

### 直流电动机

直流电动机是将直流电能转换为机械能的电动机。因其良好的调速性能而在电力拖动中得到广泛应用。直流电动机的工作原理如图 2 所示。

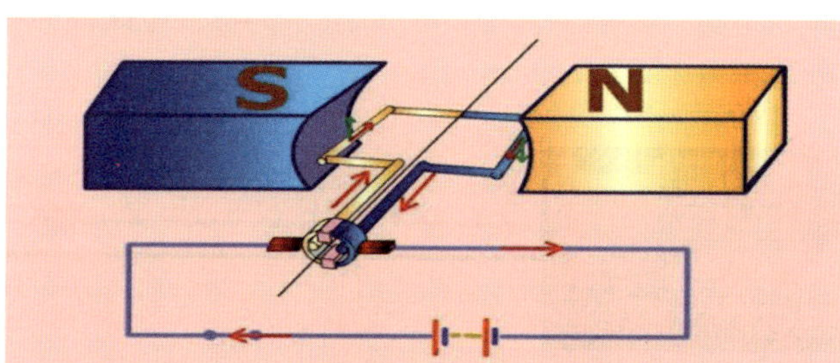


■ 图 2　直流电动机的工作原理

直流电动机中有两块磁铁，以不同的极性相对，这两块磁铁称为电动机的“定子”。在两块磁铁之间，放置一个环形铁心和绕在环形铁心上的绕组（金属线圈），环形铁心和绕组一起称为电动机的“转子”。在通电的串联电路中，转子的线圈会在由定子产生的磁场中形成一个转动的力，使得转子发生旋转，这就是我们生活中见到的直流电动机的雏形。直流电动机应用广泛，大到工厂的大型直流电动机，小到四驱车上的马达，可谓是和我们生活息息相关的电子器件。今天我们会带着大家做一个简单的电动机模型。

## 技能 getting

### 我们先复习下串联电路

串联，顾名思义，就是将元器件“串”起来，几个电路元件沿着单一路径互相连接，电流只有一条通路，这种连接方式叫作串联。以串联方式连接的电路称为串联电路。串联电路的特点是开关在任何位置都可以控制整个电路，即其作用与所在的位置无关。图 3 是一个比较典型的串联电路。

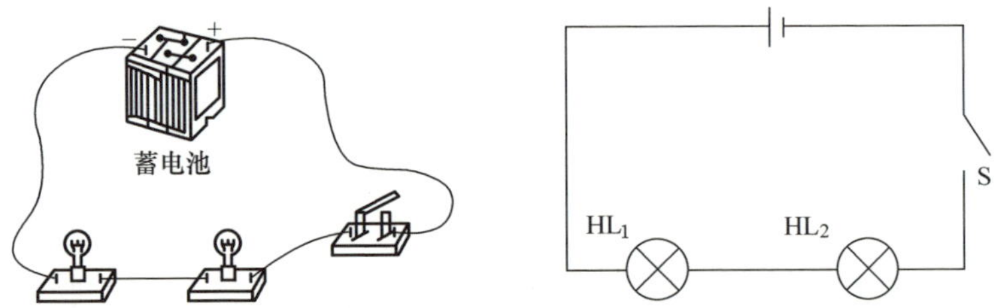


■ 图 3　串联电路示意图

在图 3 所示的串联电路中一旦有某一处断开，整个电路就成为断路，电路中所串联的电子元件都不能正常工作。

在今天要完成的小电动机中，需要用到电池、按键和铜线圈。它们三者之间构成了一个简单的串联电路，如图 4 所示。图 5 所示为标准电路图（线圈在电路图中为电感，注意其电路符号）。

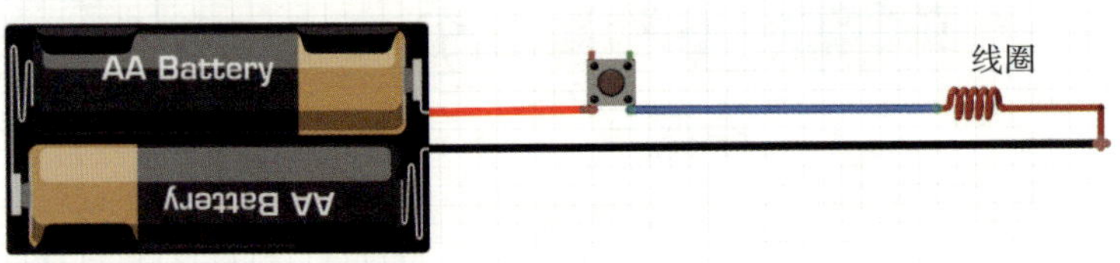


■ 图 4　本次制作中电动机的电路结构

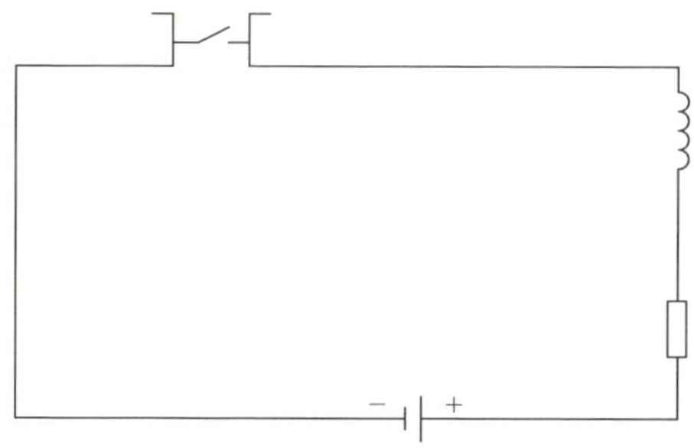


■ 图 5 本次制作作品标准电路图

电流从电源正极流出，经过四脚开关，然后再经过线圈，最后流回负极。这时线圈就被通电了，只要线圈两侧放好极性不同的磁铁，让通电线圈在磁场中，线圈就能转动啦。

## 动手 DIY

### Step 1 制作基座

先取出材料，将两块面包板拼接上。拼接方法为将一块面包板的突出部分从上向下插入另一块面包板的凹陷部分，并在桌子上按平，即可得到如图 6 所示的延长了的面包板。拼好后把两根金属轴插在面包板圆孔内。与此同时，在金属轴上套上轴套。

取出器件袋中的四脚开关，选择面包板靠右的位置，将四脚开关的四个管脚插入面包板中。注意四脚开关的长边应该与面包板的中间槽相互平行，如图 6 所示。

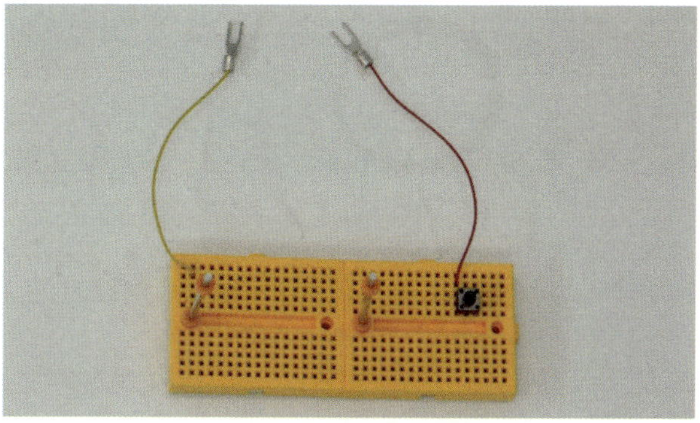

■ 图 6 基座拼接方法

找到器件袋中的两条不同颜色的导线（这里以红色和黄色为例），把两条导线一端的外皮去除，将其中的金属丝拧成一股，并将其插入面包板的两个孔中（这里需要将一条导线尽量靠近拼好的面包板左侧，另一条尽量靠近右侧，大概 6、7 列的位置）。两条导线的另一端也去除外皮，将金属丝拧成一股，分别穿过金属架的圆筒（见图中“C”）内，并缠绕在圆筒上，然后将两个金属夹套在两根金属轴上。完成后如图 7 所示。

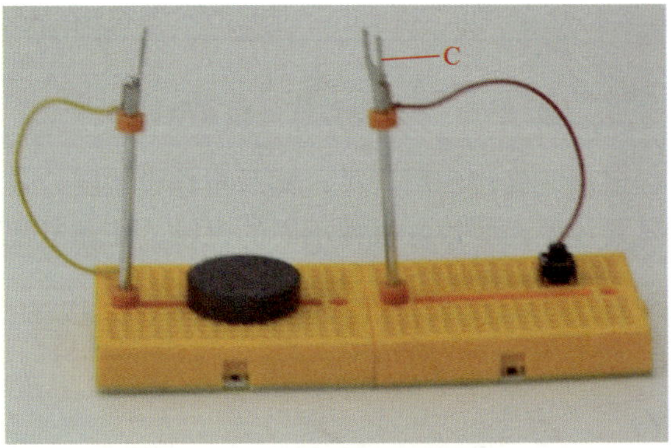


■ 图 7　金属夹固定方法

## Step 2 电路制作

将电池盒红色导线一端的外皮去除，并将露出的金属丝拧成一股，插入四脚开关靠近面包板最外侧的一个引脚所在列的小孔中。

将步骤 1 中安装好的金属轴上的红色导线插入四脚开关外边缘的另一个引脚所在列的小孔中。

将电池盒黑色导线末端的外皮去除，插入黄色线所在列的小孔中。插好后如图 8 所示。

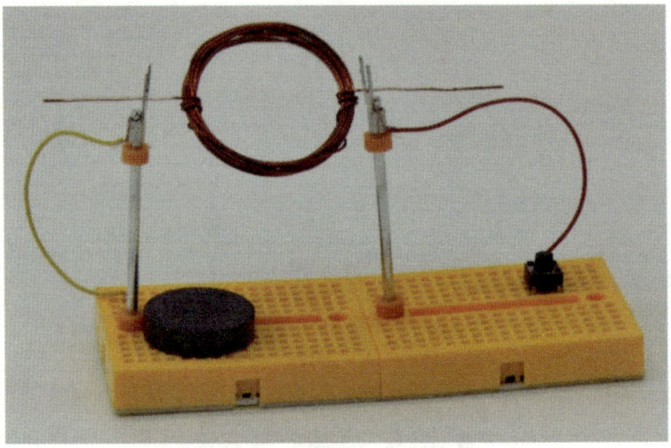

■ 图 8　四脚开关放置方法

**温馨提示**：有的同学可能会有疑问了，为什么图中黄线和黑线并没有连接在一起，可是却算是连接上了？因为咱们用的面包板较长的一边是不连通的，但是短边的每一排的所有小孔是连通的。大家看图 9 中的蓝色箭头，黄线和黑线共处的一排是连通的。

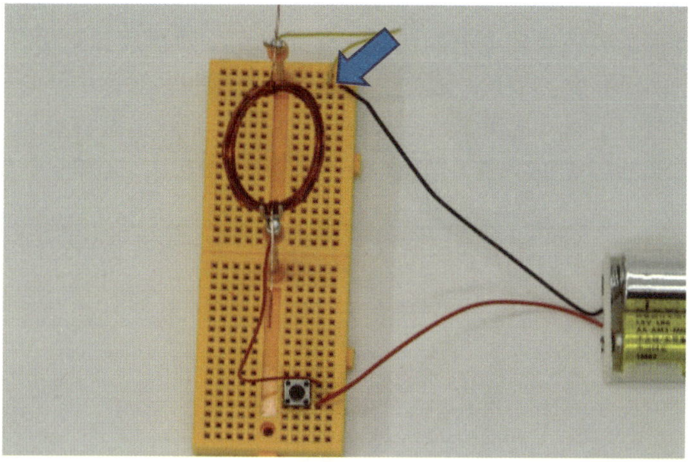

■ 图 9　电路的连接方法

## Step 3 让线圈转起来

将线圈架在步骤 1 搭好的支架上，这时候我们把电池装进电池盒内。如图 10 所示，在线圈正下方放一枚磁铁，同时需要我们再拿一枚磁铁，并且保证手里这枚磁铁朝下的极性和下面那枚磁铁朝上的极性相反（离近了可以相吸）。按住电源不要松手，我们的线圈就转起来了。同学们可以发挥自己的想象，在线圈两侧贴上贴纸，玩“掷硬币”或者“笼中鸟”。

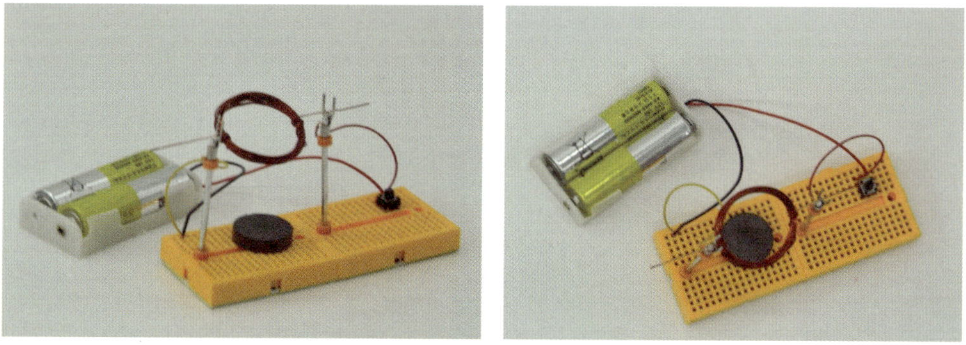

■ 图 10　让线圈转起来方法

## 创意 expanding

利用上面所学的原理，可以制作一个没有电刷的单极电动机。

没有电刷的单极电动机是非常简单的，只需用电池、铜线、磁铁就可以做出来。首先将圆形磁铁放置到电池的负极，然后使用铜丝折成如图 11 所示的任何形状。需要满足如下要求：铜丝做成左右转矩对称的形状，对称中心与电池正极相接触。铜线所做成的下面两端需要始终与磁铁相接触。铜丝造型放置到电池与磁铁的连接体上时，需要与磁铁下表面留有一定的距离（悬空）。这样一个无刷单极电动机就做成了。

另外，你也可以对前面学习的方法进行拓展，做成属于你自己的小马达。

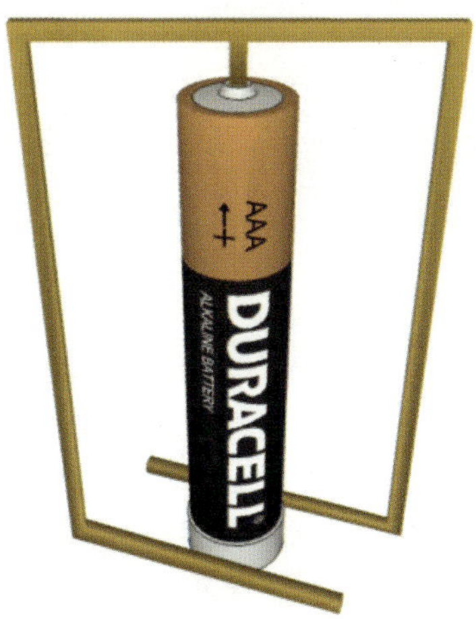


■ 图 11　无刷单极电动机示意图

# 06 来自远方的呼唤——DIY 电报机

在电报机发明之前的几百年前的一天，加勒比海面上风雨交加，有一位船长在此时却被鲨鱼围困，为了寻找救援，他大声呼喊、打灯语希望附近的船只前来营救。结果没有一条船只看到或者听到求助信息，他损失惨重。1898 年，英国人马可尼发明了电报。1909 年，共和国号油轮由于碰撞暗礁毁坏而沉入海底，沉没前船长发出了求救电报，救援队及时赶到现场，大部分船员得救，电报机第一次证明了它存在的意义。今天，我们一起来制作一个电报机，寻找无线电波的奥妙吧！

**学习目标：** 了解我们身边不可见的电磁波；制作小电路去证明电磁波对人类的贡献

**材料清单：** 电池盒 ×2、面包板 ×2、蜂鸣器 ×1、发光二极管 ×1、电池 ×4、导线若干、发射模块电路板和接收模块电路板各 1 块（见图 1）

**所需工具：** 手工钳、电烙铁、焊锡丝

■ 图 1 材料清单

## 知识 learning

### 电磁波

要想知道什么是电磁波，首先我们必须了解“场”的概念。在组成一切的基本粒子中，有一种基本物理属性叫作电荷，这种电荷有正负之分，有电荷的基本粒子我们称作带电粒子。每个带电粒子的周围都有一种场，这就是电场。距离粒子

越远，这种场的强度越弱，这种场的唯一作用就是能够影响处于其中的其他带电粒子，如果一个负电粒子处于一个正电粒子的场中，那它们就会相互吸引，如果处于同种电荷的粒子场中，那它们就会相互排斥。就好比我们生活中的磁铁一样，同性排斥，异性相吸。

而运动的带电粒子所产生的场就是“磁场”。有一天法拉第发现，电场中有磁场存在，而磁场也可以产生电场。那么我们就可以得到一个结论：磁场和电场是能够相互转化的。

讲了这么多，那么什么是电磁波呢？在电场与磁场转化速度极快时，能量不能完全转化，于是电、磁能随着电场与磁场的周期性变化以波的形式向空间传播出去，这就是电磁波了（见图 2）。

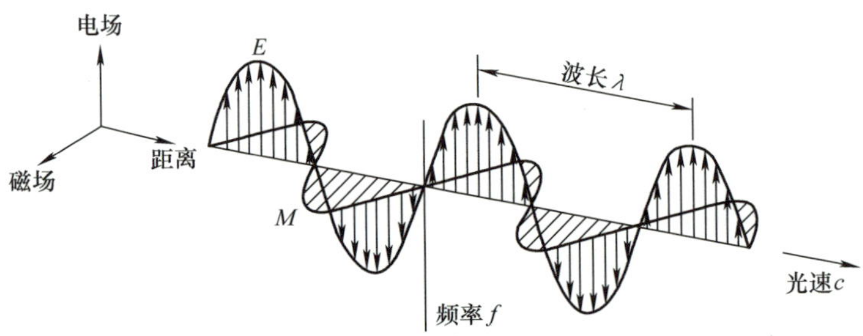


■ 图 2　磁场、电场演示

## 技能 getting

### 天线

我们知道，手机、雷达、导航仪、广播、电视等无线电设备，都是通过电磁场和无线电波来传递信息的，这就需要有可以发射和接收无线电波的设备，这些用来发射和接收无线电波的装置称为天线（见图 3）。天线和发射机、接收机一样，也是无线电设备的一个重要组成部分。

■ 图 3　各类天线

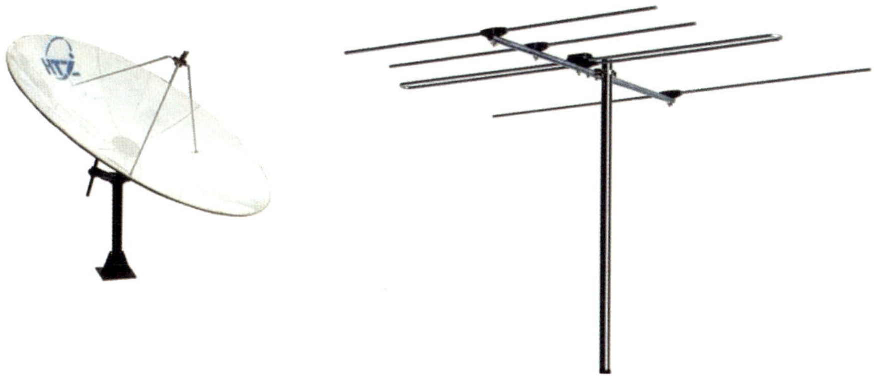

■ 图 3　各类天线（续）

今天，要制作的无线电报机就是要利用两个天线，把我们需要的电报信息发送到空间（发射天线）和接收下来（接收天线），进而实现电报信息的远距离传递。

## 动手 DIY

### Step 1 焊接发射模块

发射模块正面的焊接如图 4 所示。共有 5 根导线与发射模块相连。红线为电源正极，黑线为电源负极，白线为天线连接点，两条绿线为电报输入端。

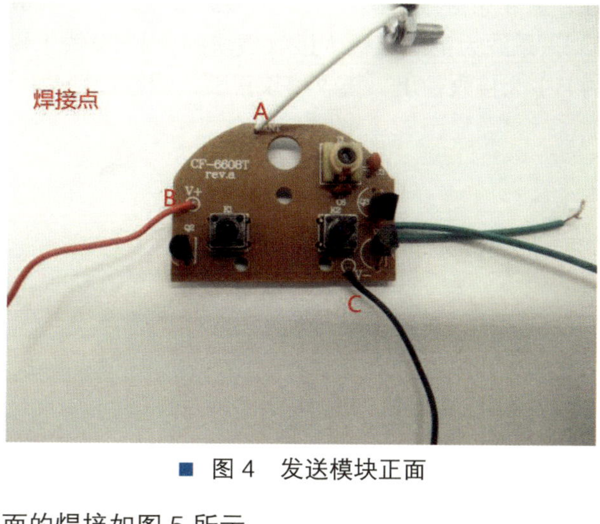


■ 图 4　发送模块正面

发送模块反面的焊接如图 5 所示。

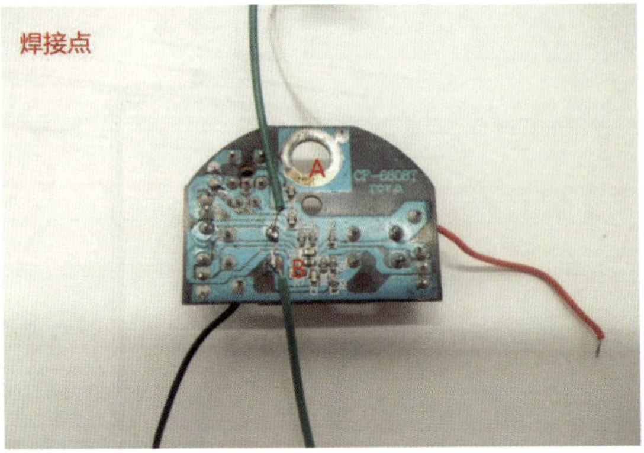


■ 图 5　发射模块反面

一般所提供的发射模块上，电源连接线（红线和黑线）、天线连接线（白线）已经预先连接好，电报输入信号线（两根绿线）需要进行现场焊接。

将天线与发射模块相连接。具体连接方法为将天线上的圆圈部分放置在白线的铁圈和螺母之间，将螺钉拧紧即可，如图 6 所示。

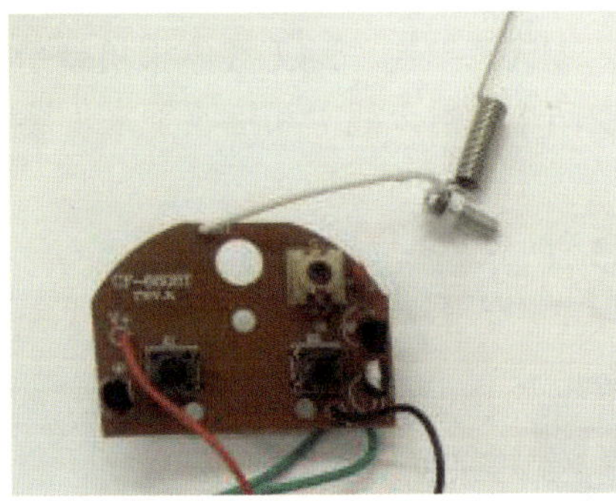

■ 图 6　发射模块天线安装方法

Step 2 焊接接收模块

将黑、绿、红、黄 4 条导线按图 6 所示焊接到接收模块上。其中红线为电源正极（接收模块的 C），黑线为电源负极（接收模块的 A），黄线（接收模块的 D）和绿线（接收模块的 B）为接收输出，接收模块正面的焊接如图 7 所示。

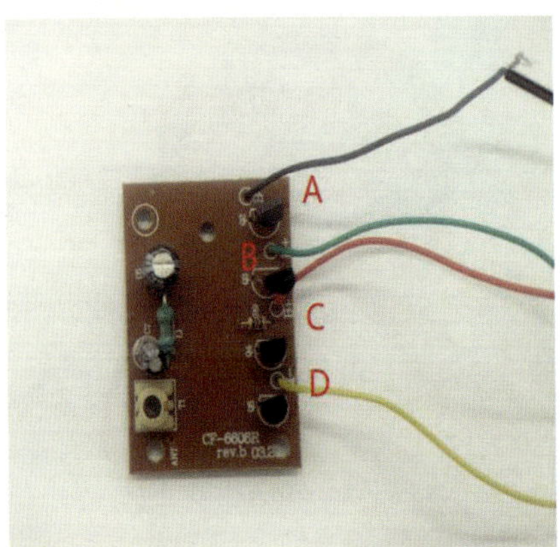


■ 图 7　接收模块正面的焊接

## Step 3 发报机电路连接

**正面：**将 A 点连接天线，B 点连接电池盒的正极，C 点连接电池盒的负极。连接借面包板完成。具体连接方法如图 8 左图所示。

**反面：**将发射模块背面焊接的两条绿色导线连接到开关的两个端子上，具体连接方法如图 8 右图所示。

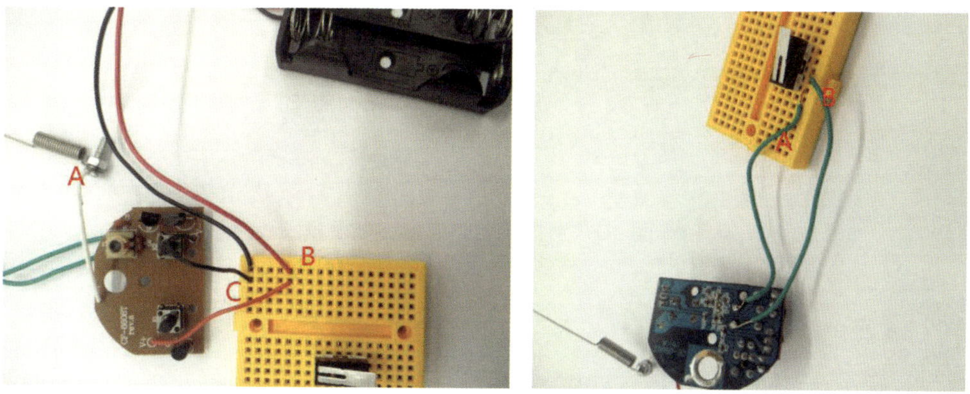


■ 图 8　发报机电路连接示意图

开关连接时注意需要连接中间一个管脚和左侧端子，如图 9 所示。

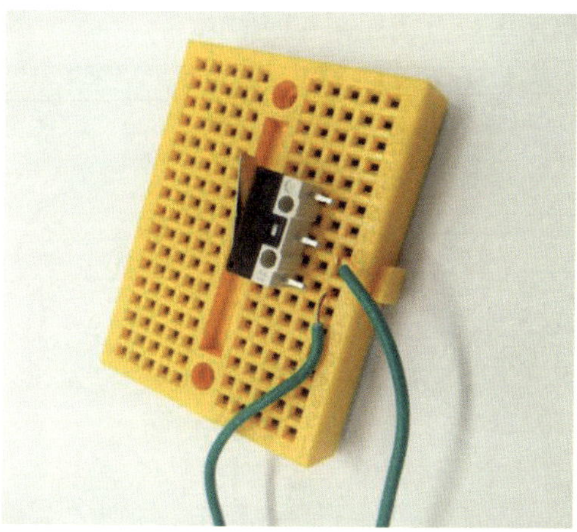

■ 图 9　开关连接方法

电路连接完成后如图 10 所示。

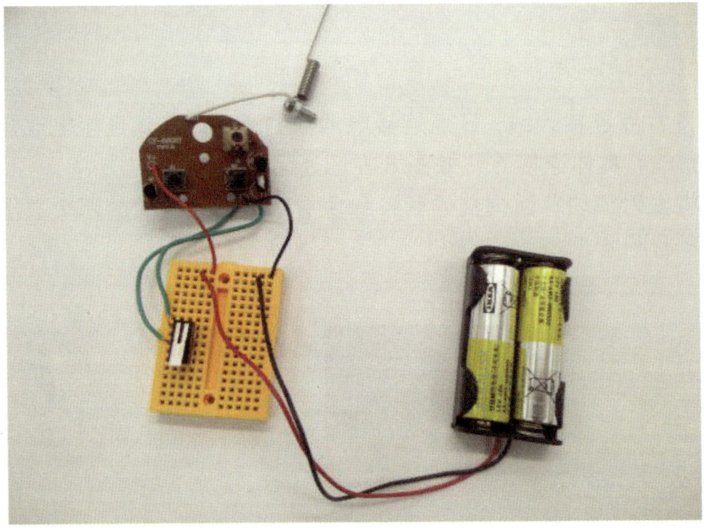

■ 图 10　发报机电路连接完成示意图

## Step 4 收报机电路连接

将接收模块的电源正极（红线）连接电池盒的正极（电池盒红线），接收模块的电源负极（黑线）连接电池盒的负极（电池盒黑线）；

将蜂鸣器插到面包板上，注意记住蜂鸣器两个管脚插入的位置。将接收模块的 B 连接蜂鸣器和二极管的阳极（两者的较长管脚），D 连接蜂鸣器和二极管的阴极（两者的较短管脚），具体连接方法如图 11 所示。

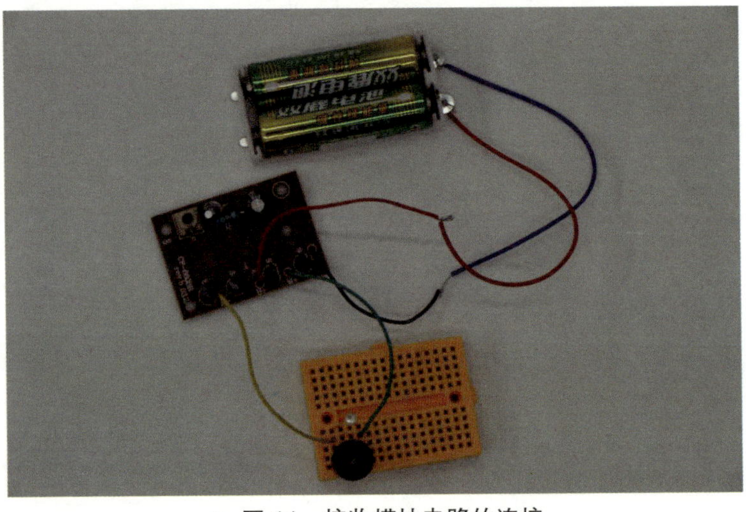

■ 图 11　接收模块电路的连接

完成以上步骤后，电报机的发报机和收报机就已经完成了。完成后的一套电报机如图 12 所示。

■ 图 12 完成作品示意图

## 创意 expanding

有同学问了，“电磁波除了传递信息，生活中还能干什么呢? 我们身边还有哪些东西也用到了它呢？”

其实电磁波的应用领域还是很宽的，这里我们需要讲解一下电磁波谱。

电磁波谱 ( 波长从长到短 ) 依次是无线电波、微波、红外线、可见光、紫外线、伦琴射线 (X 射线 )、伽马射线。

最常见的电磁波应用就是我们家庭里的微波炉，还有医院里的 CT 照相以及验钞机等。电磁波虽然看不见，但是却时时刻刻在影响我们的生活。

# 07 外星怪兽的入侵——无线遥控四足机器人

在电影《星河战队》中，未来世界人族与虫族展开了激烈的对决，星河战队的士兵们付出了惨重的代价。在人族与虫族的斗争中，各式的坦克等机器武器由于地形的限制，无法发挥威力。因此，需要制造出能够在沙漠、森林等坎坷不平的外星球表面上自由行进的机器人武器。美国军方创造出了著名的“大狗”机器人，它可以像真实的狗一样在起伏的地面上和松软的沙漠中四足奔跑。现在，让我们一起来制作一个好玩的无线遥控四足机器人，一起来消灭残暴的外星怪兽吧！

**学习目标：** 了解曲柄摇杆的工作原理；动手制作四足机器人

**材料清单：** 塑料皮带轮 ×2、轴套 ×10、短车轴 ×4、长车轴 ×1、短螺丝 ×2、长螺丝 ×2、螺母 ×4、拼接木板套材 ×1（见图 1）

**所需工具：** 热熔胶枪及胶棒、螺丝刀、绝缘胶布等

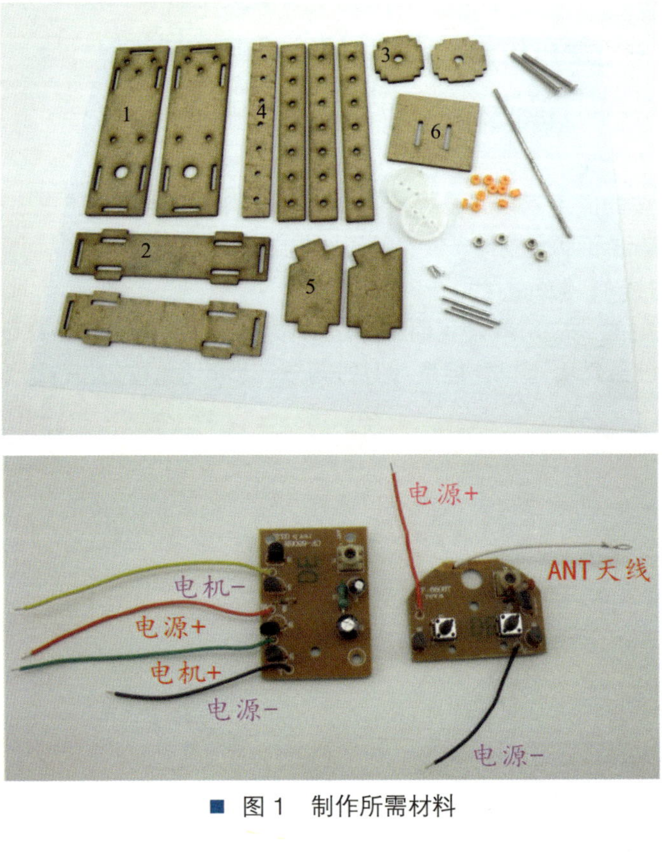


■ 图 1　制作所需材料

## 知识 learning

### 无线遥控开关

无线遥控开关由发射器和接收器两者组合而成，发射器将控制者的控制按键经过编码，调制到射频信号上，发射出无线信号，也可以说成是一个编码器。而接收器是将接收到的无线信号进行编码信号再解码，得到与控制按键相对应的信号，然后去控制相应的电路工作，因而也被称为解码器。随着科技进步，无线遥控开关在工业控制和无线智能家居领域都得到了广泛使用。

## 技能 getting

### 四足机器人电路原理

本次制作的四足机器人电路包括电源、电动机极性切换开关、减速电动机 3 部分。电路连接关系如图 2 所示。

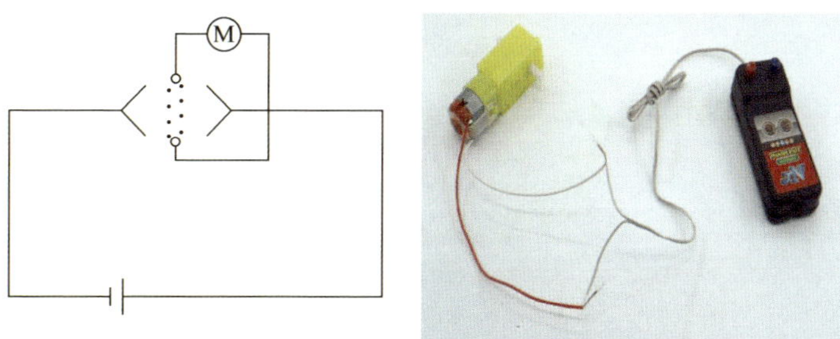


■ 图 2　四足机器人电路原理及实物连接

图 2 中，电源为两节 5 号干电池，装入电动机极性切换开关中，开关的两条导线直接与减速电动机的两根导线相连，这里不需要考虑极性，任意组合连接均可。

按下电动机极性切换开关的红色按钮会将开关中安装的电池的正极与电动机的红色导线相连，负极与电动机的白色导线相连。如果按下蓝色开关，则会将上述两个极性连接对调，从而实现控制电动机正转与反转的功能。

## 动手 DIY

设计好四足机器人的机械结构和电路之后，下面开始按照步骤制作属于你自己的四足怪兽吧。

## 1. 制作机器人身体

机器人身体所需材料及拼装成品外形如图 3 所示，建议组装步骤如下。

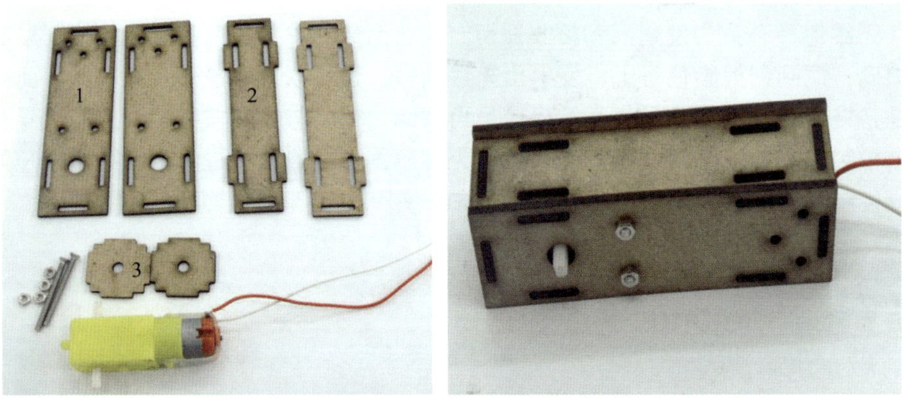


■ 图 3　四足机器人身体组装所需材料及成品外形

**Step 1** 将图 3 中所列木板 2 和木板 3 按照图 4 所示顺序插在一起。

**Step 2** 将图 3 中所列木板 1 和步骤 1 中完成的部分按照图 5 所示顺序插在一起。

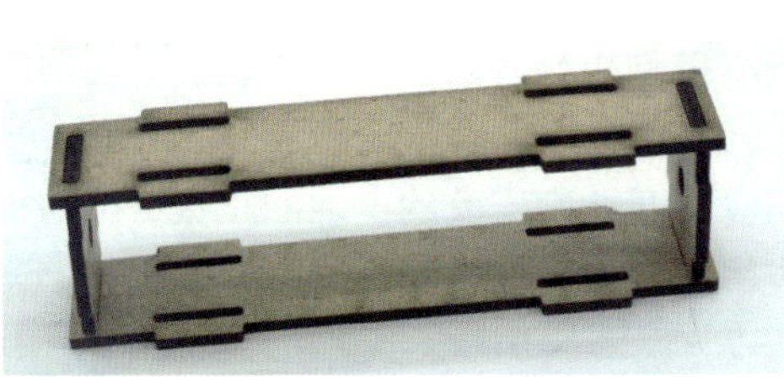

■ 图 4　步骤 1 拼装示意图

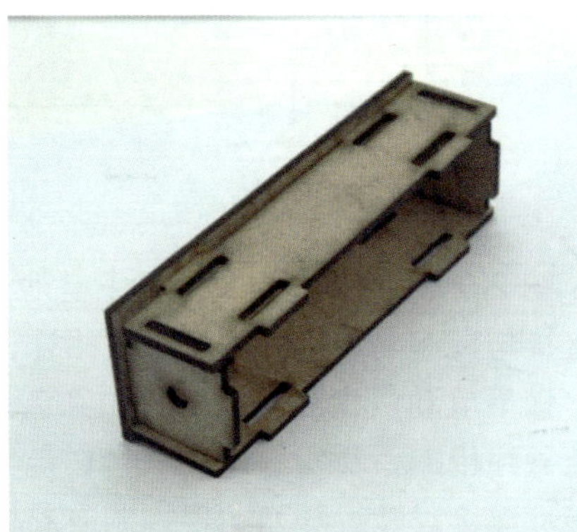

■ 图 5　步骤 2 拼装示意图

**Step 3** 将减速电动机和步骤 2 中完成的部分按照图 6 所示拼装在一起。注意减速电动机的一个轴需要穿过木板 1 的大圆孔。

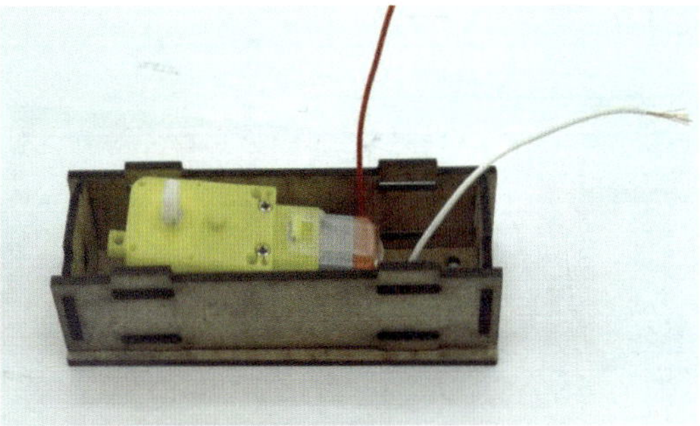

■ 图 6　减速电动机安装示意图

Step 4 将减速电动机的两根导线从木板 3 中心的圆孔中穿出，如图 7 所示。

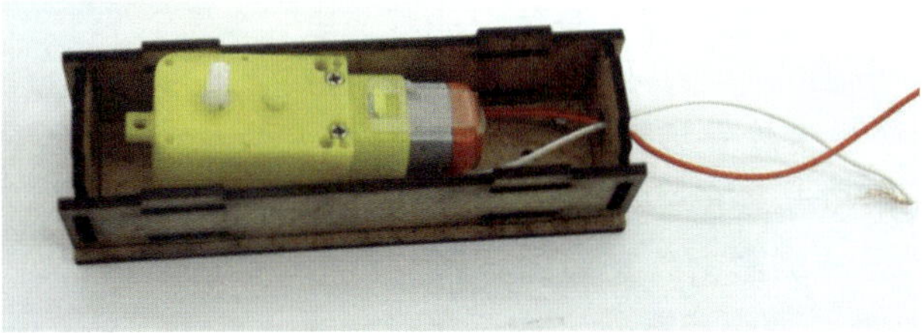

■ 图 7　减速电动机穿线图

Step 5 将第二块木板 1 安装到步骤 4 完成的部分的顶部，注意需要将减速电动机的另一个轴从第二块木板 1 的大圆孔中穿出，如图 8 所示。

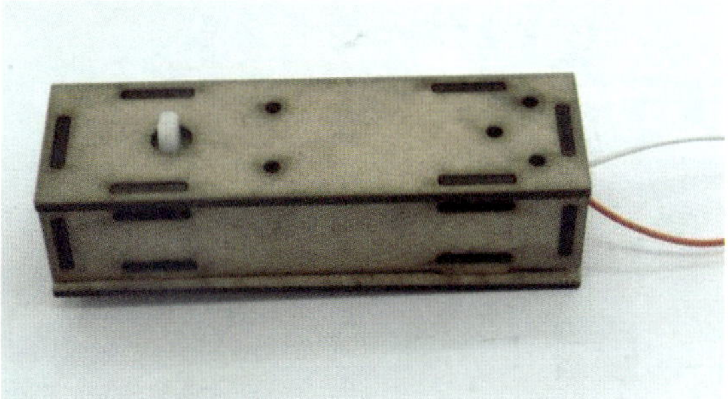

■ 图 8　步骤 5 安装示意图

Step 6 将两个螺母拧到长螺钉上，注意需要一直拧到底部，将长螺钉贯穿步骤 5 完成的机器人身体中间的两个圆孔，并在另一侧拧紧螺母，安装过程及完成后如图 9 所示。

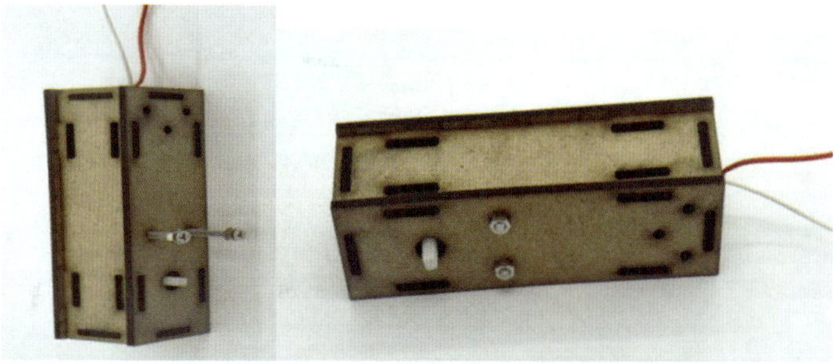

■ 图 9　步骤 6 安装示意图

## 2. 组装机器人的四条腿

**Step 7** 将两个短轴安装到机器人身体上的减速电动机的两个轴的中心，形成减速电动机的延伸轴。再将两个皮带轮安装到延伸轴上，注意，需要将延伸轴穿过皮带轮的中心孔，而且延伸轴不能从皮带轮的另一侧露出。安装过程及完成后如图 10 所示。注意：两个皮带轮上的三孔形成的直线应该相互平行。

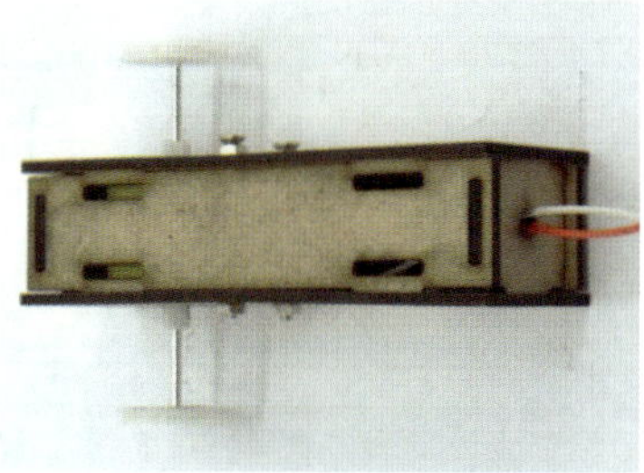

■ 图 10　机器人传动轴安装

**Step 8** 机器人左后腿安装

使用热熔胶枪和热熔胶将减速电动机的轴和延伸轴黏合在一起，同样将皮带轮和延伸轴也黏合在一起，具体黏合方法如图 11 所示。

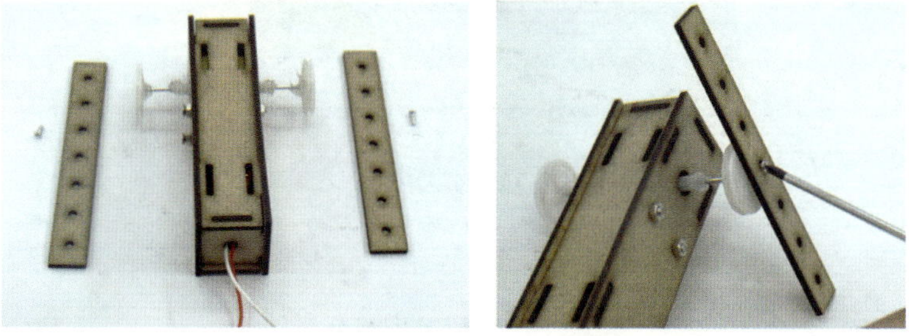

■ 图 11　四足机器人左后腿安装示意图

**Step 9** 机器人右后腿安装

用短螺丝将图 3 所示的第二块木板 4 安装到机器人身体的另一个皮带轮上。需要特别注意的是，两条后腿需要选择皮带轮相对偏心孔位置安装，即将安装后的部分如图 12 所示水平放置，两条腿应上下相错。

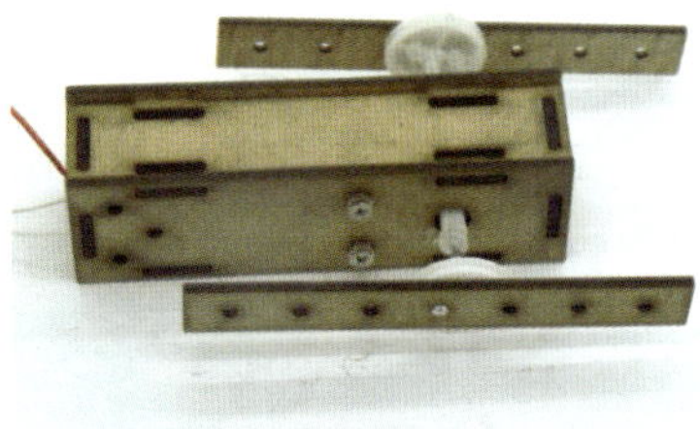

■ 图 12　后腿安装后外形图

## Step 10 机器人前腿从动轴安装

将长轴穿过机器人身体上的圆孔，并用轴套进行固定，具体安装方法如图 13 所示。

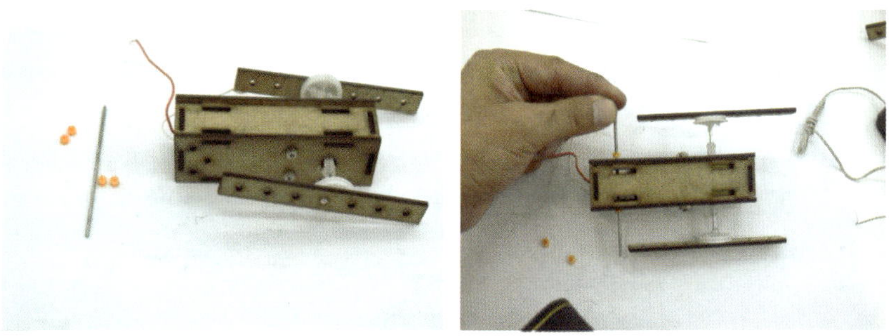

■ 图 13　机器人前腿从动轴安装示意图

## Step 11 机器人前腿安装

将轴套如图 14 左图所示套在从动轴两端，距离长轴两端 5 毫米左右。将图 1 中所示的另两条木板 4 安装到从动轴的两端，并用轴套套紧，具体安装方法如图 14 所示。

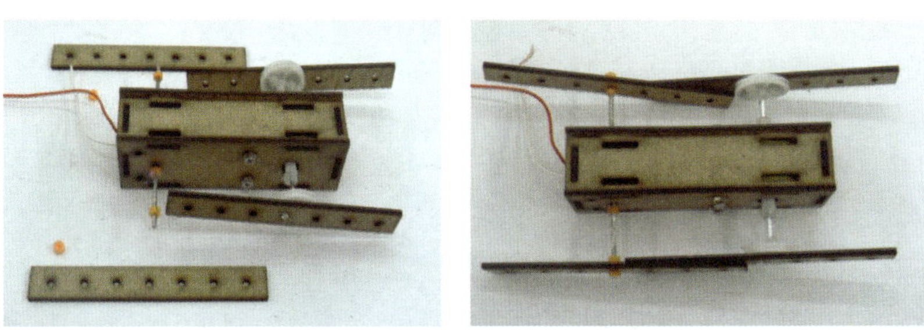

■ 图 14　机器人前腿安装示意图

Step 12 将另两根短轴分别穿过机器人体侧的两条腿的顶端圆孔，并用轴套套紧，使机器人处于站立位，具体安装方法如图 15 所示。

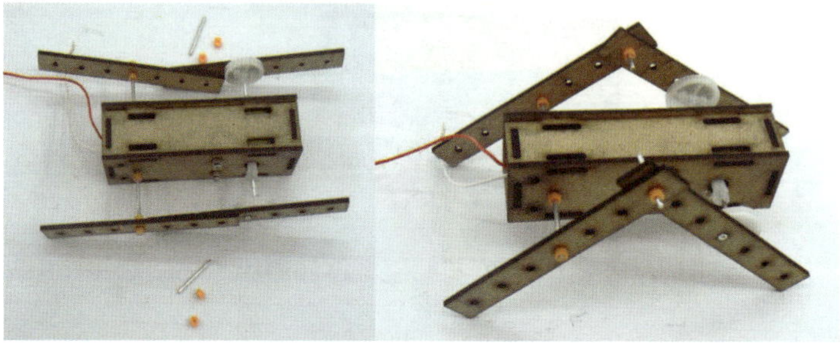

■ 图 15　步骤 12 安装示意图

## 3. 机器人遥控电路连接

Step 13 机器人电路连接

将减速电动机的两根导线分别与切换开关的两根导线连接，如图 16 和图 17 所示。

■ 图 16　接收模块电路连接图

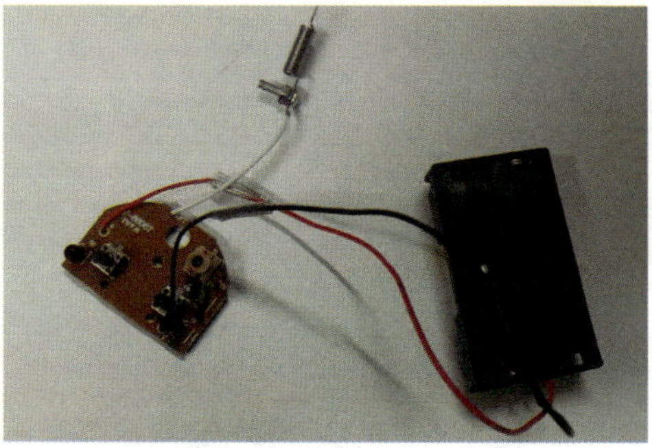

■ 图 17　发射模块电路连接图

同学们，现在你们可以用自己制作的四足机器人去体验机器怪兽的风采了。我们来比一比，看谁的怪兽跑得最快？谁的怪兽力量最大？

## 创意 expanding

同学们，展开你们想象的翅膀，思考一下，根据本次课程所完成的四足机器人，你还能做出哪些有创意的设计呢？

我们既可以改装刚刚完成的四足机器人，比如给它安装超声波传感器，让它检测到障碍就后退，或者发出声音等（见图 18），也可以展开想象，创造出像美国大狗机器人一样的逆天神物（见图 19）！

■ 图 18 害羞的四足机器人

■ 图 19 美国大狗机器人原型

# 08 无线辐射现原形——制作手机来电信号检测器

外星人潜入地球人中间，刺探地球人对外星人的防御计划和武器部署，外星间谍需要用手机将信息传递给地球外的飞船。地球的处境万分危急，我们必须在 1 个半小时内找出外星间谍，切断他与飞船的通信联络。让我们制作一个无线信号检测器，在外星间谍使用手机传送信息时将他逮捕归案吧！

**学习目标：**了解磁场变化对电感的影响；认识电感

**材料清单：**面包板 ×2、干电池 ×3、电池盒 ×1、电感 ×1、电容 ×2、电阻 ×4、导线 ×5、发光二极管 ×1、放大器芯片 ×1（见图 1）

**所需工具：**剥线钳

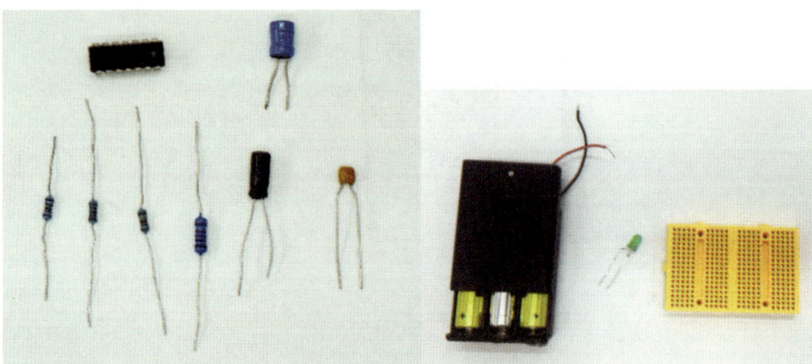

■ 图 1　材料清单

## 知识 learning

### 电磁感应

电磁感应是指放在变化磁场中的导体受到磁场变化的影响，其内部的电子会产生运动的动力，这种运动的动力称为感应电动势。当这个导体形成闭合回路时，感应电动势就会驱使电子流动，从而形成感应电流。

最早发现这一现象的科学家是迈克尔·法拉第，他在 1831 年用如图 2 所示装置证明了电磁感应的存在。图 2 中左边是一个电流表，可以检测是否存在电流。电流在我们生活中非常常见，电灯能够发光就是因为电流的存在，电视能够工作也是因为有电流的存在。右边是用铜丝绕成的线圈，线圈中放置了一个条形磁铁。条形磁铁会产生磁场，当把条形磁铁从线圈中拔出来时，线圈附近的磁场发生了变化，此时线圈感应到磁场的变化，产生了感应电动势，由于线圈和电流表一起构成了回路，因此便产生了感应电流，电流表指针发生偏转。

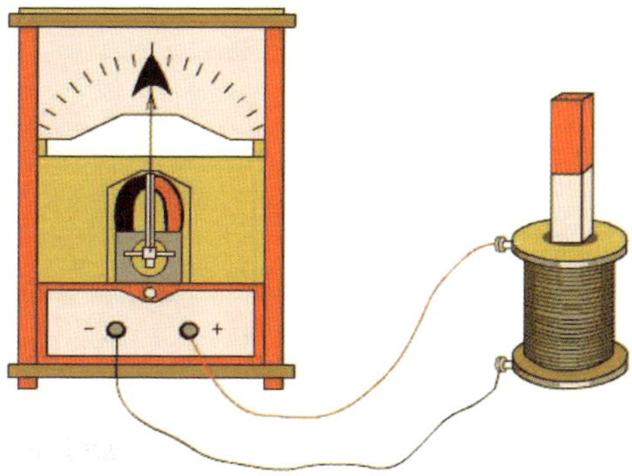

■ 图 2 电磁感应实验示意图

电磁感应在生活中有着很多应用，例如，我们家长使用的手机。手机能够接收到无线电波，并转化为人能听懂的语音，其中应用的一个重要技术就是电磁感应。收音机、无线电视、导航仪等都是应用了这一原理。

今天，我们制作的电路就是要让大家来体验这一技术和原理。

## 技能 getting

本次制作的电路如图 3 所示。

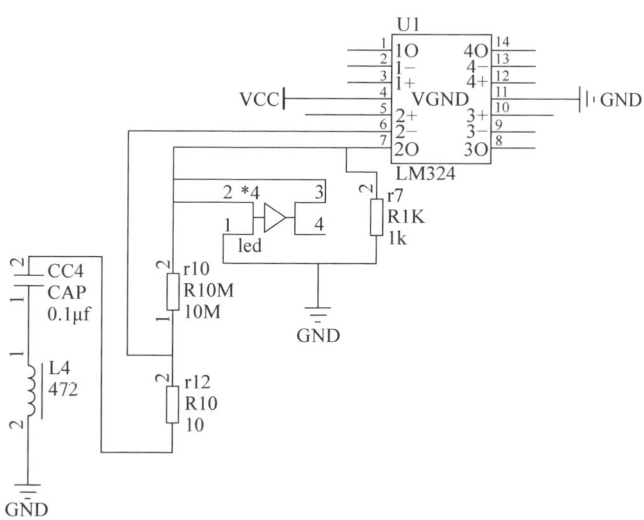


■ 图 3 手机信号检测电路

同学们肯定一看就惊呆了，这并不是咱们要学的内容，这次主要想让同学们了解电路中的一个核心元件——电感器，如图4所示。

■ 图4　电感器

电感器是能够把电能转化为磁能并存储起来的元件。电感器具有一定的电感，它能够阻碍电流的变化。电感具有两个非常重要的现象——自感和互感。自感是指电感器在没有电流通过的状态下，电路接通时它将试图阻碍电流流过它；而在有电流通过的状态下，电路断开时它将试图维持电流不变。互感是指两个近距离放置的电感线圈，当一个电感线圈中的电流发生变化时，临近的另一个线圈中的电流就会随之发生变化。我们这次制作的电路用到的就是电感的互感现象，只不过不是两个电感线圈之间，而是由手机发送到空间中的磁场与手机辐射检测电路之间的互感。电感器在电路中感应到手机产生磁场的变化，产生感应信号，送到后续电路放大，点亮发光二极管，提示我们有电话打入。

## 动手 DIY

### Step 1　插芯片，铺导线

将全部元器件从袋中找出来，按照图5的方式，把芯片插在面包板上，并裁剪好导线，并按照右图连接好。注意：电阻编号为1、2、3、4，花纹不同阻值不同，所以注上编号，方便同学们选择，避免混淆插错。

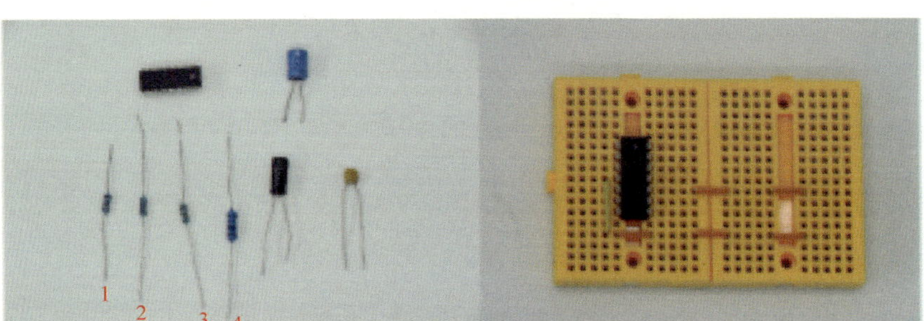


■ 图5　步骤1安装示意图

## Step 2 插上电阻和二极管

在图 6 中对应位置分别插上 1、2 号电阻，并按照图 5 所示在右侧插上之前准备好的发光二极管。

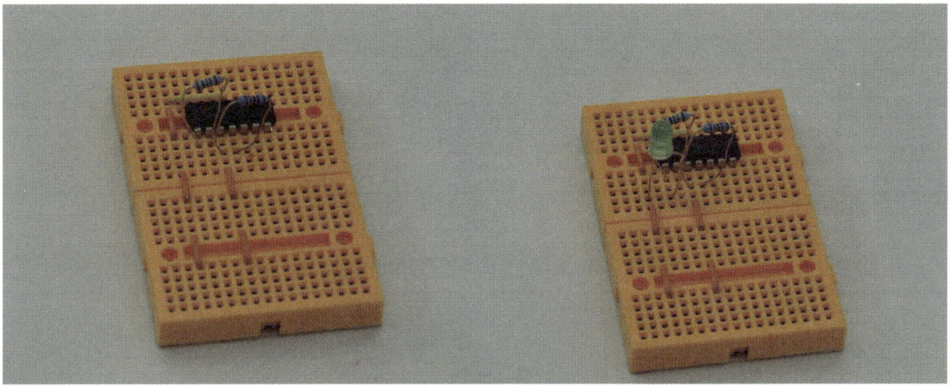

■ 图 6 步骤 2 安装示意图

## Step 3 继续安装剩余元器件

步骤 2 搞定后我们把 3 号电阻插在对应位置，并陆续把黄色的电容以及蓝色的电感按照图 7 所示位置插好。

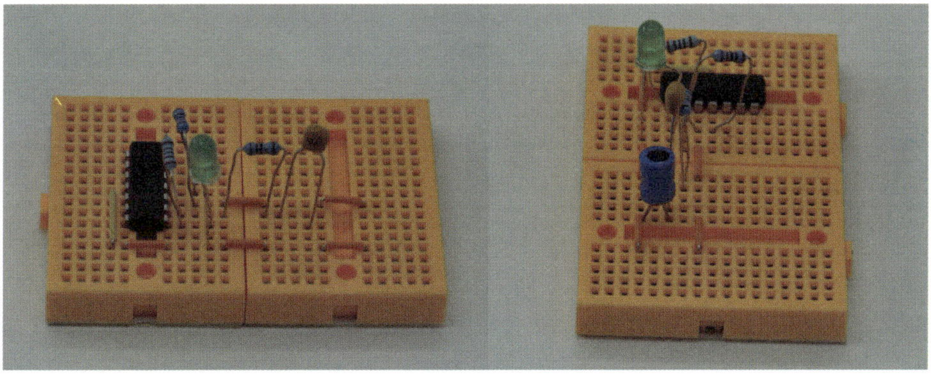

■ 图 7 步骤 3 安装示意图

## Step 4 安装 4 号电阻和黑色电容

继续把个头最大的 4 号电阻装在图 8 所示位置，最后把黑色电容插在相应位置就可以了。

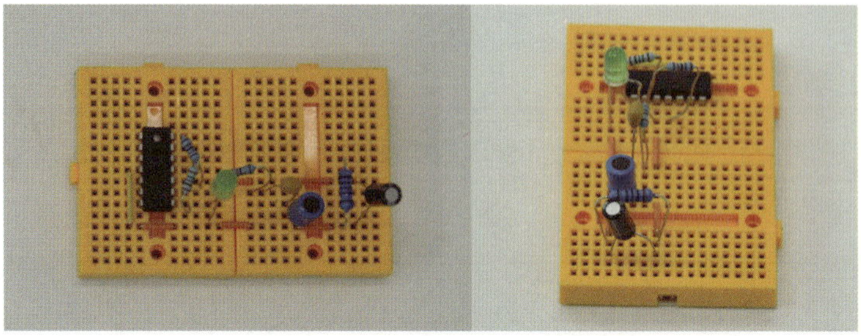

■ 图 8　步骤 4 安装示意图

## Step 5 安装电源

如图 9 所示，将电池盒和面包板连接好，这样就把最后的电源也装好啦！

■ 图 9　步骤 5 安装示意图

打开开关，接通电源，我们可以尝试一下，如果把手机放在旁边，那么绿色的发光二极管就会亮起来，这样我们可以轻易地从可疑人群中找出正在使用手机发送间谍信息的外星间谍啦！

## 创意 expanding

这次我们做了手机信号感应器，是不是也可以把这个小制作改装成帮我们戒除玩手机上瘾的小工具呢？把发光二极管换成一个蜂鸣器，其他不变。平时把它放在我们家里的写字台上，如果我们在学习过程中使用手机，这个感应器就会“生气”，然后蜂鸣器的警报音就会想起，提醒我们专心学习，别玩手机。其实，我们很多的小制作都可以转化为生活中一些有意思的小工具。只要我们热爱生活，热爱科学，更多新奇的小制作小发明都会从同学们的思维中被发明出来！

# 09 小喇叭开始广播了——演奏音乐的小喇叭

音乐芯片只是个U盘那么大的小塑料片，但是在它的大脑里却存有各式各样有趣的声音和音乐。怎样才能让这个“音乐才子”展现它的音乐才华呢？这就要靠它的“小伙伴”扬声器（小喇叭）了。小喇叭虽然不懂什么乐理，但是它能把音乐才子的音乐和有意思的声音“唱”给大家。

**学习目标：**了解音乐芯片功能；了解扬声器（小喇叭）原理

**材料清单：**CK9561芯片×1、干电池×3、电池盒×1、电容×1、晶体管×1、发光二极管×1、杜邦线×5、普通导线×6、小喇叭×1、面包板（见图1）

**所需工具：**剪刀、剥线钳、电烙铁、焊锡丝

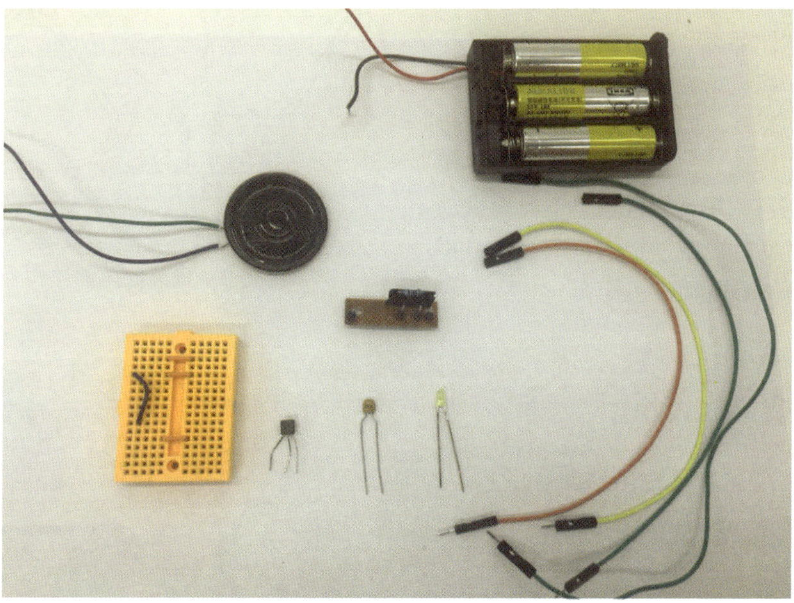

图1 材料清单

## 知识 learning

### 芯片介绍

芯片是指内含集成电路的硅片，体积很小，常常是计算机或其他电子设备的一部分。图2所示为这次课程会用到的CK9561芯片，黑色圆形部分为芯片的核心内

容，银白色为导电区域，方便焊接导线和其他电路元器件。小孔用来插电阻和导线以及其他相关材料。

■ 图 2　发声芯片电路图

## 扬声器（喇叭）

我们都应该会玩过一些废弃的小喇叭。生活中常见的喇叭大都是动圈式的。喇叭外部有个纸盆喇叭口，通常是黑色的，喇叭纸盆背面有一个圆形或者椭圆形的磁铁，如图 3 所示。电流在金属线圈中导通，产生电磁场，电磁场再与磁铁相互作用，使音圈上下作用推动振膜，这瞬间一收一扩的节奏会造成声波或者气流，从而产生声音。

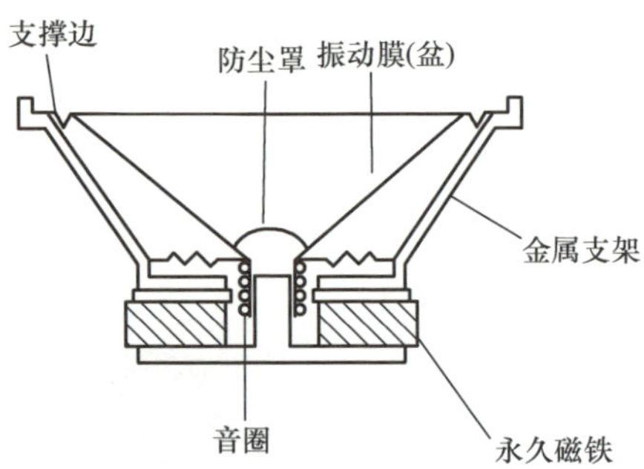


■ 图 3　扬声器内部结构

## 技能 getting

图 4 是这次课程用到的音乐芯片的工作原理图。

在图 4 所示的芯片工作电路中，代表晶体管，代表小喇叭，代表电源，代表电容。这些材料在音乐芯片工作电路中缺一不可。在以前的电路学习中，同学们对晶体管和电容比较陌生，因为高中甚至大学才会涉及，这里不加赘述，后面会告诉同学们具体怎样接晶体管和电容。

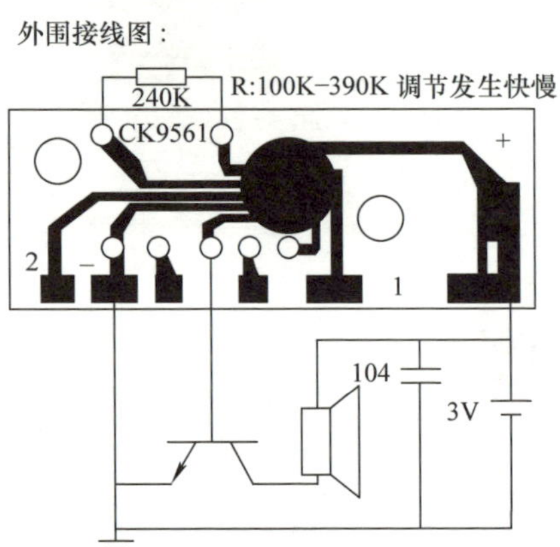


■ 图 4　CK9561 芯片工作原理图

# 动手 DIY

## 1. 制作内部电路

**Step 1** 安装电阻

将电阻插在芯片背面的黑色基座上，如图 5 所示。

■ 图 5　电阻安装方法

**Step 2** 电路制作

将导线按照图 6 所示接在面包板上，并且给导线连接上小喇叭。

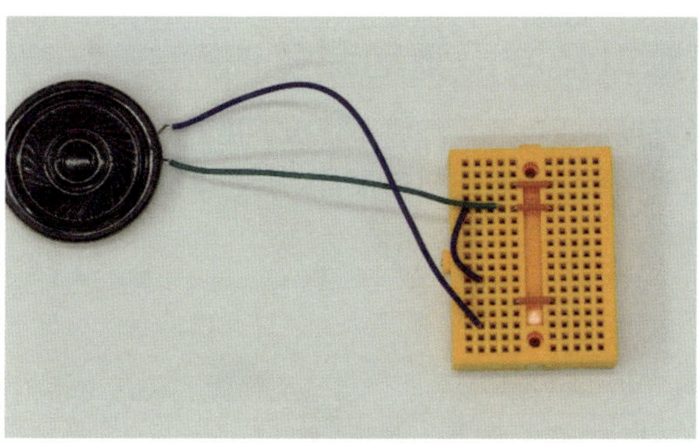

■ 图 6　喇叭连接面包板方法

**Step 3** 插入发光二极管、电容以及晶体管

先将二极管插入面包板中间的两孔处，注意区分正负极，电容不分正负极。三根引脚的是晶体管，按图 7 所示插在面包板相应位置。

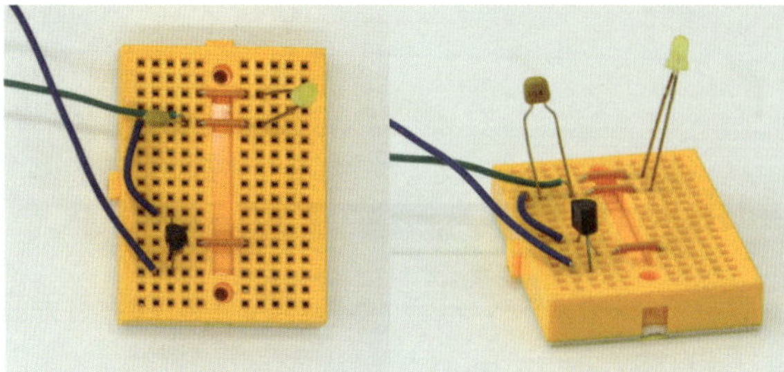

■ 图 7　三种电路元器件安装方法

### Step 4 面包板与芯片相连

如图 8 所示，将杜邦线接在面包板的相应位置处，同时，将杜邦线的另一端接在芯片焊好的插针上。

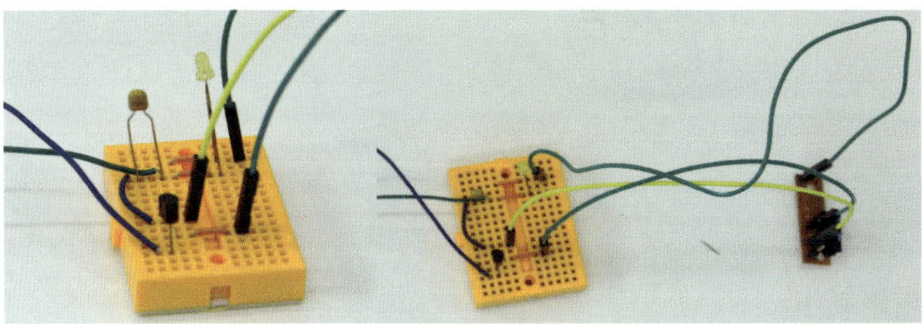

■ 图 8　芯片连接面包板方法

## 2. 制作电源以及发声驱动装置

在电池盒内装好电池，电池盒红线（正极）接到图 9 中 1 处，黑线（负极）接到图 9 中 2 处，此时喇叭中会发出机枪声音。若把 1 处拔出而 2 处不变，则此时小喇叭会发出警笛声。

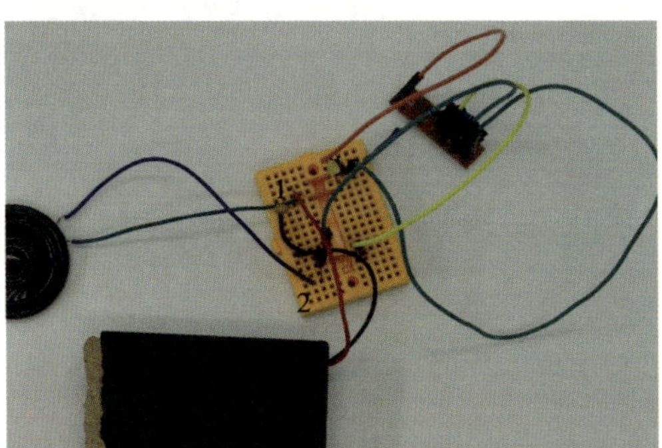

■ 图 9　芯片发出不同声音调制方法

## 创意 expanding

上面，我们按照老师的要求，制作了一个可以播放不同音乐的小喇叭，我们使用的是一个现成的扬声器。其实，我们也可以制作属于自己的扬声器（见图 10）。

简易扬声器制作教程要准备的工具和材料有：纸杯两只、耳机线、漆包线、502 胶水、小磁铁、双面胶带、刻度尺、剪刀、刀片、收音机等。

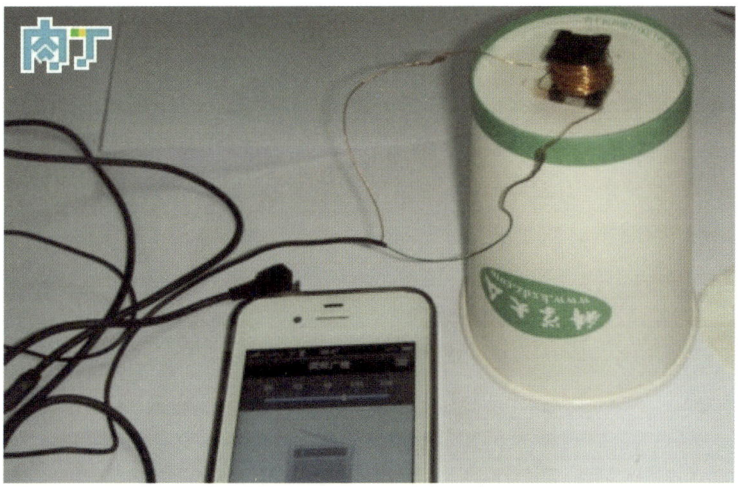


■ 图 10　自制扬声器样例（来源于肉丁网）

### 特别注意

将耳机线插入收音机音频输出孔中，观察是否听得到声音；再将磁铁靠近线圈，观察是否听得到声音。仔细观察，看看两种情况下纸杯有什么不同之处，从而体会扬声器的发声原理。

# 10 重返现代的钥匙——手摇发电机

时空穿越回了原始社会，探险家在完成了科学考察之后，需要通过对讲机与现代的科学家联系，然后返回现代。但是不幸的事情发生了，所带的电池电量已经耗尽，对讲机因此无法启动，不能和现代的科学家取得联系，这时候我们怎么办呢……

**学习目标：** 了解直流发电机；了解发电机工作原理；制作手摇发电机

**材料清单：** 300 电动机 ×1、主轴齿轮 ×1、塑料齿轮 ×1、塑料三通 ×2、轴套 ×2、传动杆轴 ×2、小螺钉 ×1、拼接木板套材 ×1、导线 ×2（见图 1）

**所需工具：** 电烙铁、焊锡丝

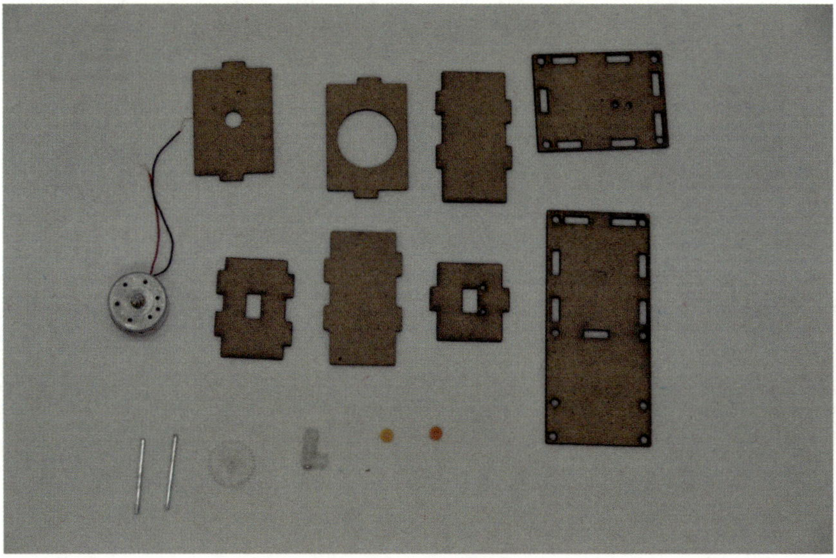

■ 图 1　材料清单

## 知识 learning

### 直流发电机

直流发电机是把机械能转化为直流电能的机器。它主要用来提供直流电动机、电解、电镀、电冶炼、充电及交流发电机的励磁等所需的直流电。虽然在需要直流电的地方，也可以用电力整流元件把交流电变成直流电，但从使用方便、运行的可靠性及某些工作性能方面来看，交流电整流还不能和直流发电机相比。直流发电机通过轴承、机座及端盖将发电机的定子和转子连接组装起来，使转子能在定子中旋转，通过滑环通入一定的励磁电流，使转子成为一个旋转磁场，定子线圈做切割磁力线的运动，从而产生感应电动势，通过接线端子引出，接在回路中，便产生了电流。图 2 所示为一个的直流发电机示意图。

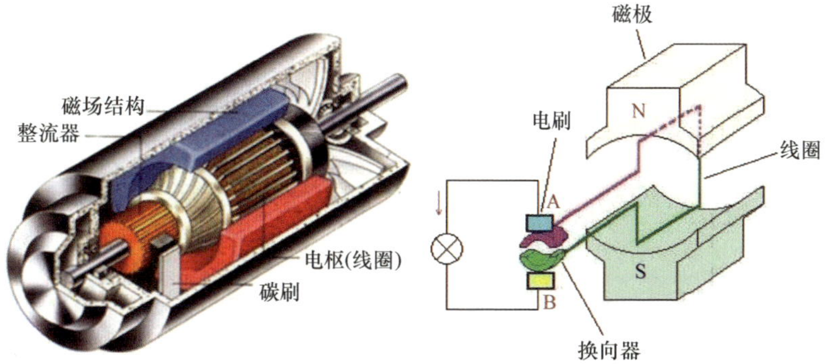


■ 图 2　直流发电机示意图

在如图 2 所示的直流发电机工作电路中，发电机通过转动线圈，切割磁感线而在线圈中产生感应电动势，靠换向器配合电刷的换向作用，使之从电刷端引出电流，最后点亮小灯泡。

## 发电机原理——法拉第的电磁感应原理

电磁感应（Electromagnetic Induction）现象是指放在变化磁通量中的导体会产生电动势，此电动势称为感应电动势或感生电动势。若将此导体闭合成一个回路，则该电动势会驱使电子流动，形成感应电流（感生电流）。迈克尔・法拉第是一般被认定为于 1831 年发现了电磁感应的人，虽然 Francesco Zantedeschi 在 1829 年的工作可能对此已有所预见。

电磁感应是指因为磁通量变化而产生感应电动势的现象。电磁感应现象的发现，是电磁学领域中最伟大的成就之一。它不仅揭示了电与磁之间的内在联系，而且为电与磁之间的相互转化奠定了实验基础，为人类获取巨大而廉价的电能开辟了道路，在实用上有重大意义。电磁感应现象的发现，标志着一场重大的工业和技术革命的到来。事实证明，电磁感应在电工、电子技术、电气化、自动化方面的广泛应用对推动社会生产力和科学技术的发展发挥了重要的作用。

法拉第电磁感应定律：

$$E=n\times\frac{\Delta\Phi}{\Delta t}$$

式中，$E$ 为感应电动势，单位为 V；$n$ 为感应线圈匝数；$\Delta\Phi/\Delta t$ 为磁通量的变化率。

不论用什么方法，只要穿过闭合电路的磁通量发生变化，闭合电路中就会有电流产生。

条件：

1）闭合电路；

2）一部分导体；

3）做切割磁感线运动。

## 动手 DIY

**Step 1** 将马达固定在木板里，如图 3 所示。

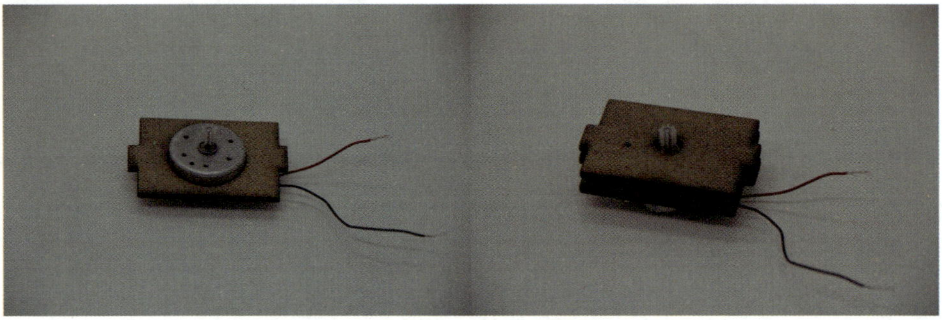

■ 图 3　马达安装示意图 1

**Step 2** 再安装外围木板，完成后如图 4 所示。

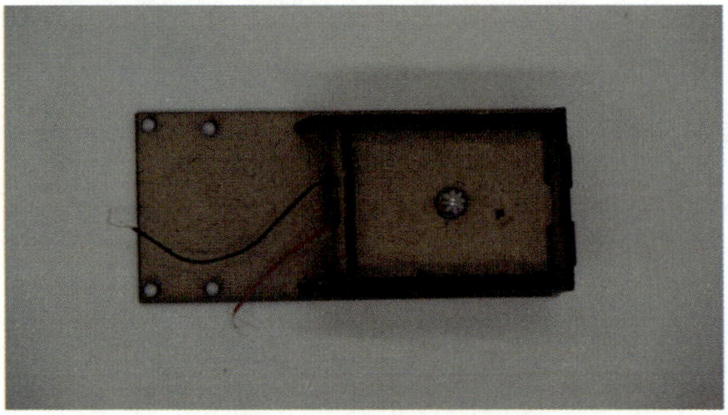

■ 图 4　马达安装示意图 2

**Step 3** 安装摇杆

先用螺钉将两个塑料三通固定在一起，再插入两个传动杆轴，然后将传动杆穿过木板，和齿轮拼装在一起，如图 5 所示。

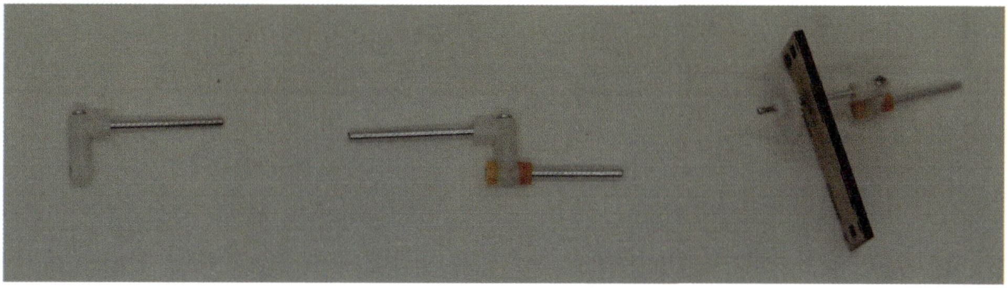

图 5 传动杆安装方法

**Step 4** 将传动杆和马达部分拼装在一起，完成后如图 6 所示。

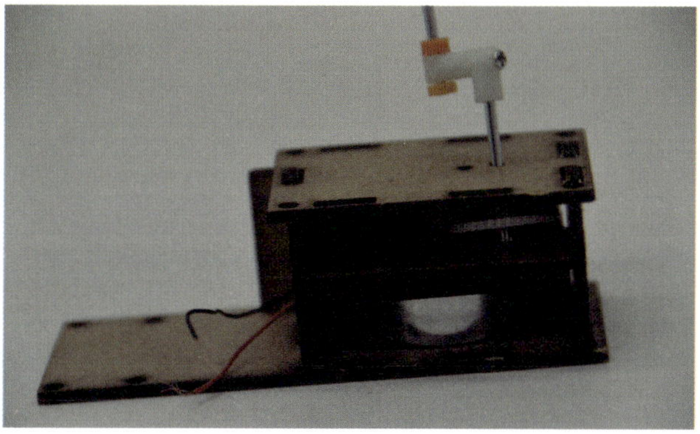

图 6 步骤 4 安装示意图

完成了上述 4 个步骤，属于你的手摇发电机就完成啦（见图 7）！电池没电的问题解决了。

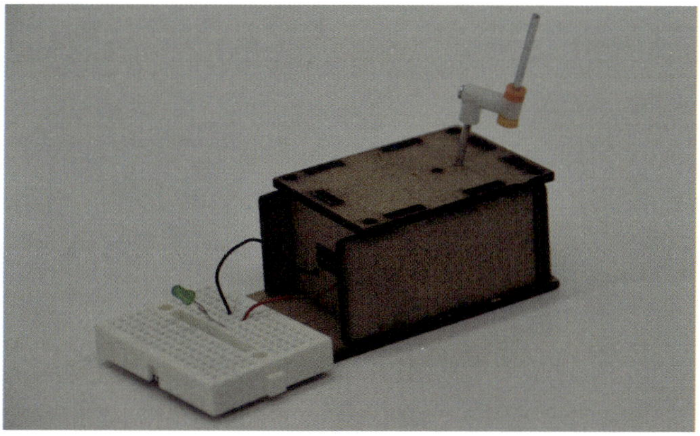

图 7 手摇发电机成品示意图

## 创意 expanding

直流发电机还能设计在什么作品中呢？我们生活当中有哪些东西可以用到直流发电机呢？

风力发电机一般由风轮、发电机（包括装置）、调向器（尾翼）、塔架、限速安全机构和储能装置等部件组成。风力发电机的工作原理比较简单，风轮在风力的作用下旋转，它把风的动能转变为风轮轴的机械能，发电机在风轮轴的带动下旋转发电。在直流发电机上安装叶片，再放到塔架上，就可以利用风能吹动叶片转动，产生电能（见图 8）。

■ 图 8　风力发电机